사단법인 한국미용장협회

뷰티 매니저

Beauty Manager

- 편집위원 -

어수연(사단법인 한국미용장협회 11대 이사장)
이숙자(중앙미용직업전문학교)
진용미(서경대학교 헤어&메이크업학과)
손지연(한국영상대학교 방송헤어분장과)
강주아(건국대학교 미래지식교육원 뷰티디자인학전공)
김수경(아이디헤어)

청구문화사

머리말

지난 세기에는 자신의 전공과 직업을 선택하면 미래를 예측할 수 있었습니다.

그러나 우리가 살고 있는 지금의 현실은 4차 산업혁명으로 사물의 지능화로 많은 직업들이 사라지고, 대체될 것으로 예상되고 있습니다.

4차 산업혁명의 기술혁신으로 일자리 감소를 걱정하고 있는 이 시점!

로봇으로 대체 불가능한 **"사람과 소통하는 직업"**으로 예술적 디자인능력과 상호 의사소통 능력이 필요한 새로운 직업인 **뷰티매니저**가 각광을 받을 시점입니다.

이에 사단법인 한국미용장협회에서 시행하는 뷰티매니저 자격은 뷰티전공분야 교수와 산업체 전문가가 협업하여 뷰티매니저 교재를 출판하여 새로운 직업분야에서 전문직으로 도전할 수 있도록 하였습니다.

많은 미용인들이 뷰티매니저에 도전하여 전문직으로 자리매김 할 수 있는 기회가 되시길 바랍니다.

끝으로 이 책이 출판되기까지 노고를 아끼지 않으신 청구문화사 이상태 대표님 및 임직원 여러분께도 감사드립니다.

2018년 8월

편집위원 일동

CONTENTS

미용업 안전 위생관리

CHAPTER 1

CHAPTER 1
미용사 위생 관리

1. 미용사 위생 관리

가. 미용사 손 위생 관리

1) 미용사 손 씻기

(1) 미용업소에서 일반적으로 가장 쉽게 할 수 있는 방법은 물과 비누를 이용한 손 씻기이다. 작업 전·후, 화장실을 다녀 온 뒤, 식사 전에는 흐르는 미지근한 물에 손을 적시고 비누나 세제를 사용하여 손과 손가락을 30초 이상 씻는다.

(2) 위생적인 손 씻기 6단계

- 1단계 - 손바닥과 손바닥을 마주 대고 문지르기
- 2단계 - 손등과 손바닥을 마주 대고 문지르기
- 3단계 - 손깍지를 끼고 문지르기
- 4단계 - 손가락을 마주 잡고 문지르기
- 5단계 - 엄지손가락을 다른 편 손가락으로 돌려주면서 문지르기
- 6단계 - 손바닥을 반대편 손바닥에 놓고 손톱 밑 깨끗하게 하기

나. 미용사 구취 관리

1) 구취의 원인

(1) 위장장애로 인한 구취
(2) 입안의 음식물 찌꺼기, 치태, 치석 등을 영양분으로 삼는 미생물로 인한 구취

2) 구취 관리 방법

(1) 식사나 간식 섭취 후에는 치아와 혀를 칫솔과 치실, 설태 제거기 등을 사용하여 하루 3번, 식후 3분 이내, 3분여 동안 깨끗하게 양치질을 한다.
(2) 1년에 1~2회 정기적인 스케일링을 한다.

다. 미용사 체취 및 복장 관리

1) 미용사 체취 관리 방법

(1) 음식을 섭취한 후 양치질이나 구강 청결제, 탈취제 등을 사용하여 냄새를 제거한 후 고객을 맞이한다.

(2) 미용사는 흡연을 하지 않는 것이 가장 좋지만 아직 금연을 하지 못한 경우라면 흡연 후 관리가 중요하다. 흡연 후 입 냄새 제거를 위해 양치질을 해야 하며, 손과 손가락 사이사이를 비누로 깨끗하게 씻은 후 핸드 로션이나 크림을 바른 후 탈취제를 몸의 앞뒤로 뿌려 옷에 밴 냄새를 제거한다.

(3) 냄새를 없애기 위해 강한 향수를 너무 많이 뿌리면 강한 향으로 인해 오히려 불쾌감을 줄 수 있다.

2) 미용사 복장 관리 방법

(1) 고객 작업을 시작하기 전 헤어 스타일링을 완성하며, 헤어스타일은 항상 깨끗하고 단정한 상태를 유지한다.

(2) 너무 짙고 화려한 메이크업은 고객에게 거부감을 줄 수 있으므로 피한다. 남성 직원은 매일 아침 면도를 깨끗하게 하고, 코털도 함께 손질한다.

(3) 미용사 직함과 이름이 새겨진 명찰을 왼쪽 가슴 윗부분에 단정하게 부착한다.

(4) 화려한 액세서리(목걸이, 반지, 귀걸이, 팔찌 등)는 작업에 방해가 될 수 있으므로 착용하지 않는다.

(5) 작업하기 편안한 복장을 착용한다.

(6) 신발은 편안한 것을 신고 소리가 나지 않는 구두를 신는다.

CHAPTER 1 미용사 위생 관리 예상문제

01 미용사 올바른 손 씻기 방법으로 옳지 않은 것은?

가. 손과 손가락을 3분 이상 씻는다.
나. 일반적으로 물과 비누를 이용하여 손 씻기를 한다.
다. 작업 전·후, 화장실 다녀온 후 씻는다.
라. 흐르는 미지근한 물에 씻는다.

explanation

물과 비누를 이용하여 흐르는 미지근한 물에 손과 손가락을 30초 이상 씻는다.

02 다음 중 위생적인 손 씻기 6단계에 대한 설명으로 옳지 않은 것은?

가. 손바닥과 손바닥을 마주대고 문지르기
나. 손등과 손바닥을 마주대고 문지르기
다. 세정용 솔을 사용하여 손등과 손바닥을 문지르기
라. 손깍지를 끼고 문지르기

explanation

세정용 솔로 손을 씻을 경우 상처가 생길 수 있다.

03 구취의 원인으로 옳은 것은?

가. 위장장애로 인한 구취
나. 구강청결제 사용으로 인한 구취
다. 설태 제거기 미사용
라. 녹차 과다 음용

explanation

구취를 유발하는 원인으로는 위장장애, 입 안의 음식물 찌꺼기, 치석, 치석 등이 있다.

04 다음 중 구취를 관리하는 방법으로 가장 옳은 것은?

가. 하루 1회 양치질을 한다.
나. 양치 시간은 10분 이상 한다.
다. 오래된 칫솔을 사용할수록 좋다.
라. 1년 1~2회 정기적인 스케일링을 한다.

explanation

구취 관리를 위해 1년 1~2회 정기적인 스케일링을 하는 것이 좋다.

05 미용사 체취 관리 방법 중 가장 옳은 것은?

가. 땀 냄새를 없애기 위해 강한 향수를 사용한다.
나. 식사 후 물로 가글 후 고객을 맞이한다.
다. 흡연 후 발로 핸드로션을 바른다.
라. 음식 섭취 후 양치질을 한 후 고객을 맞이한다.

explanation

음식을 섭취한 후 양치질이나 구강 청결제, 탈취제 등을 사용하여 냄새를 제거한 후 고객을 맞이한다.

06 미용사 헤어스타일에 대해 옳지 않은 것은?

가. 고객 작업을 시작하기 전 헤어스타일을 완성한다.
나. 최대한 화려한 헤어스타일을 한다.
다. 항상 깨끗하고 단정한 상태를 유지한다.
라. 윤기 있는 헤어스타일을 유지한다.

explanation

고객 작업을 시작하기 전 헤어 스타일링을 완성하며, 헤어스타일은 항상 깨끗하고 단정한 상태를 유지한다.

07 미용사 명찰 부착 위치로 가장 옳은 것은?

가. 왼쪽 어깨 윗부분
나. 오른쪽 어깨 윗부분
다. 왼쪽 가슴 윗부분
라. 오른쪽 가슴 윗부분

explanation

미용사 직함과 이름이 새겨진 명찰을 왼쪽 가슴 윗부분에 단정하게 부착한다.

08 미용사 액세서리 착용에 대한 설명 중 가장 옳은 것은?

가. 화려한 액세서리는 작업에 방해가 될 수 있으므로 착용하지 않는다.
나. 목걸이는 화려할수록 좋다.
다. 반지는 손가락에 딱 맞는 걸로 착용한다.
라. 팔찌는 금속성으로 된 것을 착용한다.

explanation

화려한 액세서리(목걸이, 반지, 귀걸이, 팔찌 등)는 작업에 방해가 될 수 있으므로 착용하지 않는다.

09 다음 미용사 복장 중 옳지 않은 것은?

가. 작업하기 편안한 복장을 한다.
나. 남성 직원은 매일 아침 면도를 깨끗하게 한다.
다. 편안한 작업을 위해 굽이 높은 신발을 신는다.
라. 짙고 화려한 메이크업은 피한다.

explanation

신발은 편안한 것을 신고 소리가 나지 않는 구두를 신는다.

10 미용사 손 위생 관리를 위해 손 씻기를 해야 하는 경우로 옳지 않은 것은?

가. 작업 전
나. 작업 중간
다. 식사 전
라. 화장실 다녀 온 후

explanation

작업 전·후, 화장실을 다녀 온 뒤, 식사 전에는 흐르는 미지근한 물에 손을 적시고 비누나 세제를 사용하여 손과 손가락을 30초 이상 씻는다.

정답

1	2	3	4	5	6	7	8	9	10
가	다	가	라	라	나	다	가	다	나

CHAPTER 2
미용업소 환경 위생 관리

1. 미용업소 환경 위생 관리

가. 미용업소 환경 위생

1) 기온 및 습도

(1) 기온은 대기의 온도를 말하며, 습도는 공기 중에 포함된 수증기의 정도를 말한다.

(2) 덥지도 춥지도 않은 최적 온도는 18℃ 정도이며 16~20℃ 정도에서 쾌적함을 느낄 수 있다.

(3) 쾌적함을 느끼는 습도는 40~70% 정도면 대체로 쾌적함을 느낄 수 있다.

(4) 퍼머넌트 웨이브나 탈색·염색·매니큐어 같은 작업에 적당한 온도는 15~25℃ 정도이므로 냉·난방기를 적절히 사용하여 온도와 습도를 조절해야 한다.

2) 환기

(1) 환기는 실내의 공기를 창밖의 공기와 교환하는 것을 말한다.

(2) 창문이나 환기통 등을 이용하는 자연 환기와 송풍기나 환풍기를 사용하는 기계 환기(강제 환기)로 나눈다.

(3) 좁은 실내에서 다수인이 밀집된 상태에서 장시간 환기를 하지 않을 경우 불쾌감, 두통, 현기증, 권태 및 식욕 저하 등의 증상이 있는 군집독을 일으킬 수 있다.

(4) 미용업소는 퍼머넌트 웨이브, 염색, 탈색, 매니큐어 등 화학제품을 사용하는 작업이 이루어지므로 고객과 미용사의 건강을 위해 1~2시간에 한 번씩은 환기를 하여 쾌적한 환경을 유지해야 한다.

(5) 미용업소 공간 구조상 출입문이나 창문을 통한 환기가 어려울 경우 환기팬이나 환기 시스템을 갖추어서 적절한 환기가 될 수 있도록 해야 한다.

3) 쓰레기 분리 배출

(1) 미용업소에서 매일 작업 후 배출되는 쓰레기를 분리 배출한다.

(2) 용기 안의 내용물을 제거한다.

(가) 샴푸 용기, 린스 및 트리트먼트 용기, 퍼머넌트 웨이브 1제 및 2제 용기, 염모제 1제 및 2제 용기, 앰플 용기, 음료수 용기 등 용기 안에 남은 내용물을 깨끗하게 제거한다.

(나) 염색 작업이 끝난 후 볼에 남은 약액은 물로 씻어 낼 경우 수질 오염의 우려가 있으므로 종이에 싸서 쓰레기통에 버린다.

(3) 재활용이 가능한 품목과 가능하지 않은 품목으로 나눈다.

(가) 종이, 유리, 캔, 페트, 플라스틱, 비닐 등 재활용이 가능한 품목과 기타 재활용이 안 되는 품목을 구분한다.

(나) 뚜껑이 있는 용기는 용기와 뚜껑·펌프의 재질이 다른 경우가 많으므로 뚜껑·펌프의 재질을 확인하여 따로 분류하여 버린다.

(다) 분리수거에 해당하지 않는 품목은 폐기 방법을 확인한 후 배출하도록 한다.

(4) 재활용이 가능한 품목을 품목별로 분리 배출한다.

종류	세부 품목
종이류	신문지, 전단지, 종이 박스, 노트 등
종이팩류	종이팩(음료수, 우유팩 등), 종이컵
캔·고철류	철캔, 알루미늄캔, 부탄가스, 살충제 용기, 공구, 철사, 못, 전선, 알루미늄 등
유리병류	음료수병, 기타 병류
플라스틱류	페트병, 플라스틱 용기 등
비닐류	과자 봉지, 라면 봉지, 1회용 비닐 봉투 등

나. 미용업소 내·외부 청소

1) 미용업소 외부 청소

(1) 미용업소 입구 및 주변 청소(계단 및 계단 손잡이 청소, 주변 쓸기 등)를 한다.

(2) 미용업소 유리 청소를 한다. 유리창에 세정제를 뿌린 후 신문지나 마른 천으로 닦은 후 얼룩이나 자국이 남지 않도록 깨끗하게 닦는다.

2) 미용업소 내부 청소

(1) 안내 데스크, 고객 대기 공간 청소를 한다.

(2) 샴푸실, 화장실, 제품준비실, 직원 휴식 공간 청소를 한다.

(3) 작업 공간, 이동식 작업대, 미용 작업 기자재, 바닥 청소를 한다.

CHAPTER 2 미용업소 환경 위생 관리 예상문제

01 다음 중 기온에 대한 설명 중 옳지 않은 것은?

가. 기온은 대기의 온도를 말한다.
나. 덥지도 춥지도 않은 최적 온도는 18℃ 정도이다.
다. 덥지도 춥지도 않은 최적 온도는 25℃ 정도이다.
라. 일반적으로 16~20℃ 정도에서 쾌적함을 느낄 수 있다.

explanation

덥지도 춥지도 않은 최적 온도는 18℃ 정도이며 16~20℃ 정도에서 쾌적함을 느낄 수 있다.

02 다음 중 일반적으로 쾌적함을 느끼는 습도로 옳은 것은?

가. 20~40%　　나. 40~70%
다. 60~80%　　라. 30~50%

explanation

습도는 40~70% 정도면 대체로 쾌적함을 느낄 수 있다.

03 퍼머넌트 웨이브나 탈색 · 염색 · 매니큐어 같은 미용 작업에 가장 적당한 온도로 옳은 것은?

가. 10~15℃　　나. 15~25℃
다. 20~30℃　　라. 25~30℃

explanation

미용 작업에 적당한 온도는 15~25℃ 사이이다.

04 실내의 공기를 창밖의 공기와 교환하는 것으로 옳은 것은?

가. 환기　　나. 기온
다. 습도　　라. 공기

explanation

환기는 실내의 공기를 창밖의 공기와 교환하는 것을 말한다.

05 다음 중 환기의 종류로 옳지 않은 것은?

가. 자연 환기
나. 기계 환기
다. 강제 환기
라. 환풍기 환기

explanation

창문이나 환기통 등을 이용하는 자연 환기와 송풍기나 환풍기를 사용하는 기계 환기(강제 환기)로 나눈다.

06 다음 중 군집독의 증상으로 옳지 않은 것은?

가. 불쾌감
나. 현기증
다. 두통
라. 식욕 증진

explanation

좁은 실내에서 장시간 환기를 하지 않을 경우 불쾌감, 현기증, 권태 및 식욕 저하를 일으킬 수 있다.

07 미용업소 쓰레기 분리배출에 대한 설명 중 옳지 않은 것은?

가. 미용업소에서 작업 후 배출되는 쓰레기를 주 1회 분리 배출한다.
나. 용기 안에 남은 내용물을 깨끗하게 제거 후 분리 배출한다.
다. 염색 작업이 끝난 후 볼에 남은 약액은 물로 씻어 낼 경우 수질 오염의 우려가 있으므로 종이에 싸서 쓰레기통에 버린다.
라. 종이, 유리, 캔, 페트, 플라스틱, 비닐 등 재활용이 가능한 품목과 기타 재활용이 안 되는 품목을 구분한다.

explanation

미용업소에서 매일 작업 후 배출되는 쓰레기를 분리 배출한다.

08 쓰레기 분리 배출 종류와 세부 품목의 연결이 옳지 않은 것은?

가. 종이류-신문지, 전단지, 종이 박스, 노트 등
나. 유리병류-음료수병, 기타 병류
다. 플라스틱류-철캔, 알루미늄캔, 부탄가스, 살충제 용기, 공구, 철사, 알루미늄 등
라. 비닐류-과자 봉지, 라면 봉지, 1회용 비닐 봉투 등

explanation

플라스틱류-페트병, 플라스틱 용기 등

09 미용업소 외부 청소 공간으로 옳지 않은 것은?

가. 안내 데스크　　나. 미용업소 입구
다. 미용업소 입구 계단　　라. 미용업소 외벽 유리

explanation

미용업소 외부 청소-미용업소 입구 및 주변 청소(계단 및 계단 손잡이 청소, 주변 쓸기 등), 미용업소 유리 청소

10 미용업소 내부 청소 공간으로 옳지 않은 것은?

가. 고객 대기 공간　　나. 미용업소 주변 화단
다. 샴푸실　　라. 미용 작업 공간

explanation

미용업소 내부 청소-안내 데스크, 고객 대기 공간, 샴푸실, 화장실, 제품준비실, 직원 휴식 공간, 작업 공간, 이동식 작업대, 미용 작업 기자재, 바닥 등 청소

정답

1	2	3	4	5	6	7	8	9	10
다	나	나	가	라	라	가	다	가	나

CHAPTER 3
미용업소 기기 위생 관리

1. 미용업소 기기 위생 관리

가. 미용업소 타월 및 가운 관리

1) 미용업소 타월 및 가운 세탁 방법

(1) 타월 세탁

(가) 미용업소에서 사용하는 타월은 물기를 잘 흡수하고 먼지가 많이 나지 않으며 쉽게 건조되어야 하고, 너무 두껍거나 크거나 작지 않아야 한다.

(나) 한 번 사용한 타월은 자체적으로 세탁기 등을 이용해서 세탁을 하거나 세탁 전문 업체를 통해 단체 세탁을 맡기기도 한다.

(2) 가운류 세탁

(가) 미용업소에서 미용 작업 시 사용되는 가운류에는 고객 가운, 커트보, 염색보, 파마보, 드라이보 등이 있다.

(나) 방수 및 방염의 기능을 갖추고 있다.

(다) 한 번 사용한 가운류는 당일 세탁 후 잘 건조시켜 위생적인 관리가 이루어질 수 있도록 해야 한다.

(라) 작업에 사용된 가운류는 자체적으로 세탁기 등을 이용해서 세탁을 하거나 세탁 전문 업체를 통해 단체 세탁을 맡기기도 한다.

2) 미용업소 타월 및 가운 세탁 순서

(1) 사용한 세탁물을 세탁 보관함에 넣는다.

(2) 세탁물을 세탁한다.

(3) 세탁한 세탁물을 건조시킨다.

(4) 건조된 세탁물을 정리하여 용도에 맞게 비치한다.

나. 미용업소 식음료 서비스 집기류 관리

1) 미용업소 식음료 서비스 집기류 세척·건조 방법

(1) 식음료 서비스에 사용되는 집기류(컵, 쟁반, 포크, 나이프, 티스푼, 믹서기, 커피 머신, 토스터기 등)를 적절한 세제를 사용하여 세척한다.
(2) 식기 건조기에 정리하여 물기를 제거하며 자외선 소독기 소독을 한다.
(3) 행주는 세제로 깨끗하게 세척 후 매일 자비 소독을 한다.
(4) 싱크대와 배수구는 수시로 점검하여 청결한 상태를 유지한다.

다. 미용업소 기기 및 도구 관리

1) 미용업소 기기 및 도구의 살균과 소독

(1) 미용사와 고객의 위생을 위해 철저한 살균과 소독이 중요하다. 살균이란 어떤 사물을 무균 상태로 만드는 것을 말하며, 소독은 병원균의 성장을 억제하거나 그 자체를 죽여 없애는 것이다.
(2) 미용업소에서 주로 사용되는 소독법

소독 대상	소독법
타월, 가운, 의류 등	일광 소독, 자비 소독, 증기 소독
식기류	자비 소독, 증기 멸균법
가위, 인조 가죽류	알코올 소독 → 자외선 소독기 소독
브러시, 빗 종류	먼지 제거 → 중성 세제 세척 → 자외선 소독기 소독
나무류	알코올 소독 → 자외선 소독기 소독
고무 제품	중성 세제 세척 → 자외선 소독기 소독

2) 미용업소 기기 및 도구 관리 방법

(1) 매직기, 전기 아이론, 드라이기는 드라이기 외부와 전선을 알코올 솜으로 깨끗이 닦는다. 전선을 꼬이지 않게 정리한 후 지정 위치에 비치한다.
(2) 디지털 세팅기는 손걸레로 기계에 묻은 약제나 먼지 등을 닦는다. 알코올 솜으로 깨끗하게 닦아 준 후 지정 위치에 비치한다.
(3) 스티머기는 물통에 물때가 끼지 않도록 깨끗하게 세척한다. 스팀 분사기의 구멍은

면봉을 사용하여 닦아 낸 후 지정 위치에 비치한다.

(4) 두피 진단기는 마른 수건으로 모니터, 카메라 렌즈, 컴퓨터 본체 등을 닦아 준 후 지정 위치에 비치한다.

(5) 사용한 가위는 머리카락과 물기를 제거한 후 알코올 솜으로 닦아 내고 자외선 소독기에 보관한다.

(6) 각종 빗과 핀셋, 염색 볼 등은 깨끗하게 세척 후 물기를 닦아 낸다. 알코올 솜으로 닦아 낸 후 자외선 소독기에 보관한다.

(7) 사용한 롤 브러시는 사이에 끼인 머리카락을 빼낸 후 브러시 클리너나 알코올 스프레이로 소독한다. 자외선 소독기에 보관한다.

CHAPTER 3 미용업소 기기 위생 관리 예상문제

01 미용업소 타월 조건으로 옳지 않은 것은?

가. 최신 유행 디자인이어야 한다.
나. 물기를 잘 흡수하고 먼지가 많이 나지 않아야 한다.
다. 쉽게 건조되어야 한다.
라. 너무 두껍거나 크거나 작지 않아야 한다.

explanation

미용업소에서 사용하는 타월은 물기를 잘 흡수하고 먼지가 많이 나지 않으며 쉽게 건조되어야 하고, 너무 두껍거나 크거나 작지 않아야 한다.

02 다음 중 미용업소에서 사용하는 가운류로 옳지 않은 것은?

가. 고객 가운 나. 커트보
다. 잠옷 가운 라. 염색보

explanation

미용업소에서 미용 작업 시 사용되는 가운류에는 고객 가운, 커트보, 염색보, 파마보, 드라이보 등이 있다.

03 미용업소 가운류 세탁 방법으로 옳지 않은 것은?

가. 한 번 사용한 가운류는 잘 건조시켜 위생적인 관리가 이루어질 수 있도록 해야 한다.
나. 작업에 사용된 가운류는 자체적으로 세탁기 등을 이용해서 세탁한다.
다. 한 번 사용한 가운류는 월 1회 세탁한다.
라. 세탁 전문 업체를 통해 단체 세탁을 맡기기도 한다.

explanation

한 번 사용한 가운류는 당일 세탁한다.

04 미용업소 식음료 서비스 집기류로 옳지 않은 것은?

가. 컵 나. 티스푼
다. 토스터기 라. 이동식 작업대

explanation

식음료 서비스에 사용되는 집기류-컵, 쟁반, 포크, 나이프, 티스푼, 믹서기, 커피 머신, 토스터기 등

05 미용업소 식음료 서비스 집기류 관리 방법 중 옳은 것은?

가. 식음료 서비스에 사용되는 집기류를 물로만 세척한다.
나. 식기 건조기에 정리하여 물기를 제거하며 자외선 소독기 소독을 한다.
다. 행주는 세제로 깨끗하게 세척 후 주 1회 자비 소독을 한다.
라. 싱크대와 배수구는 퇴근 시 점거하여 청결한 상태를 유지한다.

explanation

식음료 서비스에 사용되는 집기류를 적절한 세제를 사용하여 세척한다.
행주는 세제로 깨끗하게 세척 후 매일 자비 소독을 한다.
싱크대와 배수구는 수시로 점검하여 청결한 상태를 유지한다.

06 어떤 사물을 무균 상태로 만드는 것을 지칭하는 용어로 옳은 것은?

가. 살균
나. 소독
다. 방수
라. 방염

explanation

살균이란 어떤 사물을 무균 상태로 만드는 것을 말한다.

07 병원균의 성장을 억제하거나 그 자체를 죽여 없애는 것을 지칭하는 용어로 옳은 것은?

가. 살균
나. 소독
다. 방수
라. 방염

explanation

소독은 병원균의 성장을 억제하거나 그 자체를 죽여 없애는 것이다.

08 미용업소에서 사용되는 기기 및 도구의 소독 대상과 소독법의 연결이 옳지 않은 것은?

가. 식기류-알코올 소독
나. 가위, 인조 가죽류-알코올 소독, 자외선 소독기 소독
다. 브러시, 빗 종류-먼지 제거, 중성 세제 세척, 자외선 소독기 소독
라. 고무 제품-중성 세제 세척, 자외선 소독기 소독

explanation

식기류 소독-자비 소독, 증기 멸균법

09 타월, 가운류 소독법으로 옳지 않은 것은?

가. 일광 소독
나. 자비 소독
다. 증기 소독
라. 알코올 소독

explanation

타월, 가운, 의류 소독-일광 소독, 자비 소독, 증기 소독

10 사용한 가위 관리 방법으로 가장 옳은 것은?

가. 물로 깨끗하게 세척 후 지정 위치에 비치한다.
나. 알코올 솜으로 닦아 내고 지정 위치에 비치한다.
다. 머리카락과 물기를 제거한 후 알코올 솜으로 닦아 내고 자외선 소독기에 보관한다.
라. 머리카락과 물기를 제거한 후 자비 소독한다.

explanation

사용한 가위는 머리카락과 물기를 제거한 후 알코올 솜으로 닦아 내고 자외선 소독기에 보관한다.

정답

1	2	3	4	5	6	7	8	9	10
가	다	다	라	나	가	나	가	라	다

CHAPTER 4
미용업 안전사고 예방 및 대처

1. 미용업 안전사고 예방 및 대처

가. 미용업소 전기 사고 예방 및 대처

1) 미용업소 전기 시설 점검

(1) 전선의 피복이 벗겨지거나 끊어지지 않았는지 확인한다.
(2) 스위치와 콘센트 덮개를 설치한다.
(3) 누전 차단기 작동 여부를 매달 1회 이상 점검한다.

2) 미용업소 감전 사고 예방

(1) 젖은 손으로 전기 기기를 만지지 않는다.
(2) 전기 코드를 뽑을 때는 플러그 부분을 잡고 뽑는다.

3) 미용업소 전기 감전에 대한 응급 조치

(1) 감전자 주변의 전선, 기기의 전원을 차단한다.
(2) 차단할 수 없을 경우 고무장갑, 고무장화 등을 착용한 후 전기가 통하지 않는 물건을 이용하여 전선이나 기기로부터 감전자를 떼어 놓는다.
(3) 감전자의 의식, 맥박, 호흡을 확인한 후 119에 신고한다.
(4) 찾기 쉬운 장소에 촛불, 손전등 등을 준비해 두고 전기 고장 번호(국번 없이 123), 전기안전공사(1588-7500) 번호를 게시해 둔다.

나. 미용업소 화재 사고 예방 및 대처

1) 미용업소 냉·난방기 안전 상태 점검

(1) 장기간 사용하지 않은 냉·난방기는 정상 작동을 하지 않을 수 있으므로 제조사나 A/S 전문 업체를 통해 점검을 받고 사용한다.

(2) 가스히터나 도시가스를 사용하는 온풍기의 경우 가스 공급 연결 부위에 비눗물을 사용해 가스 누출 여부를 확인한 후 사용한다.
(3) 전기 냉·난방기는 전기 용량과 누전 차단기 작동 여부를 점검한 후 필터를 깨끗이 청소하고 사용한다.
(4) 석유 제품을 사용하는 히터나 온풍기의 경우 쌓인 먼지를 제거하고 연료 주입구 주변과 노즐을 깨끗이 청소한 후 사용한다.

2) 미용업소 가스레인지 안전 상태 점검

(1) 비누나 세제로 거품을 내어 배관, 호스 등의 연결 부분을 수시로 점검하여 누출 여부를 살핀다.
(2) 가스레인지는 항상 청결히 관리하여 노즐이 이물질로 막히지 않게 한다.
(3) 퇴근 전에 중간 밸브가 잠겨 있는지 확인한다.

3) 미용업소 화재 시 대처 방법

(1) 화재 발견 시 '불이야' 하고 큰 소리로 다른 사람에게 알리고 화재 경보 비상벨을 누른다.
(2) 119에 신고 전화를 한다.
(가) 119번에 전화하여 불이 난 것을 알린다.
(나) 신고자 이름, 화재 발생 장소 및 주소(ㅇㅇ구 ㅇㅇ동 ㅇㅇ번지/ㅇㅇ중학교 건너편 등), 화재의 종류(전기, 기름, 가스 등)를 설명한다.
(다) 소방서에서 알았다고 할 때까지 전화를 끊지 않는다.
(3) 소화기를 사용하여 초기 화재 진압을 한다.
(가) 소화기를 불이 난 곳으로 옮겨 손잡이 부분의 안전핀을 뽑는다.
(나) 바람을 등지고 서서 호스를 불쪽으로 향하게 한다.
(다) 손잡이를 힘껏 움켜쥐고 빗자루로 쓸 듯이 뿌린다.
(라) 소화기는 눈에 잘 띄고 사용하기에 편한 곳에 두되 햇빛이나 습기에 노출되지 않도록 한다.
(4) 화재 시 대피 매뉴얼대로 대피한다.
(가) 엘리베이터를 이용하지 말고 계단을 이용하되 아래층으로 이동이 불가능할 때는 옥상으로 대피한다.
(나) 연기가 창문이나 문틈 사이로 새어 들어오면 담요나 시트, 양말 등을 물에 적셔서 틈을 막는다.
(다) 불길 속을 통과할 때는 물에 적신 담요나 수건 등으로 몸과 얼굴을 감싸 준다.

(라) 연기가 많을 때는 한 손으로 코와 입을 젖은 수건 등으로 막고 낮은 자세로 이동한다.

(마) 방문을 열기 전에 문손잡이를 만져 보았을 때 뜨겁지 않으면 문을 열고 밖으로 나가며, 출구가 없으면 연기가 방안으로 들어오지 못하도록 물을 적신 옷이나 이불로 문틈을 막고 구조를 기다린다.

다. 미용업소 낙상 및 화상사고 예방 및 대처

1) 미용업소 낙상 사고 예방

(1) 낙상 사고 예방을 위해 바닥에 떨어진 물기나 기타 이물질을 수시로 제거한다.

(2) 미용업소 계단이나 바닥의 미끄럼을 방지할 수 있도록 미끄럼 방지 테이프를 붙이는 등과 같은 조치를 한다.

(3) 미용업소 내 보행 시 뛰어다니지 않으며 주머니에 손을 넣지 않는다.

2) 미용업소 화상 사고 응급 조치

(1) 미용 작업 시 드라이기, 매직기, 전기 아이론, 세팅기 등과 같은 여러 가지 열기구 및 화학 물질(염색제, 탈색제 등)에 의한 화상 발생 시 신속히 응급조치를 한다.

(2) 화상 부위를 얼음물 등으로 차갑게 해 주는데 얼음이 환부에 직접 닿지 않도록 주의한다. 화상 부위가 광범위할 경우 지체 없이 병원으로 이송한다.

(3) 물이나 자극성이 적은 비누로 깨끗이 씻고 건조시켜 화상 입은 부위를 깨끗하게 한다. 수포가 이미 터졌다면 소독 후 항생제 연고를 바른다.

CHAPTER 4 미용업 안전사고 예방 및 대처 예상문제

01 미용업소 전기 시설 점검 내용 중 옳지 않은 것은?

가. 전선의 피복이 벗겨지거나 끊어지지 않았는지 확인한다.
나. 스위치와 콘센트 덮개를 설치한다.
다. 누전 차단기 작동 여부를 매달 1회 이상 점검한다.
라. 누전 차단기 작동 여부를 매일 수시로 확인한다.

explanation

누전 차단기 작동 여부를 매달 1회 이상 점검한다.

02 미용업소 감전 사고 예방 내용 중 옳지 않은 것은?

가. 젖은 손으로 전기 기기를 만지지 않는다.
나. 전선의 피복이 벗겨지면 맨손으로 즉시 수리한다.
다. 전기 코드를 뽑을 때는 플러그 부분을 잡고 뽑는다.
라. 사용하지 않는 전원은 끄도록 한다.

explanation

전선 피복이 벗겨졌을 때 맨손으로 만지면 감전 사고 위험이 있다.

03 미용업소 전기 감전에 대한 응급 조치로 옳지 않은 것은 ?

가. 감전자 주변의 전선, 기기의 전원을 차단한다.
나. 발견 즉시 맨손으로 전선이나 기기로부터 감전자를 떼어 놓는다.
다. 감전자의 의식, 맥박, 호흡을 확인한 후 119에 신고한다.
라. 찾기 쉬운 장소에 촛불, 손전등 등을 준비해 둔다.

explanation

전기가 통하지 않는 물건을 이용하여 전선이나 기기로부터 감전자를 떼어 놓는다.

04 미용업소 가스 연결 공급 부위 점검 시 주로 사용하는 용액으로 옳은 것은?

가. 비눗물
나. 알코올
다. 치약
라. 휘발유

explanation

가스 공급 연결 부위에 비눗물을 사용해 가스 누출 여부를 확인한 후 사용한다.

05 미용업소 가스레인지 안전 상태 점검방법이 옳지 않은 것은?

가. 비누나 세제로 거품을 내어 배관, 호스 등의 연결 부분을 수시로 점검하여 누출 여부를 살핀다.
나. 가스레인지는 항상 청결히 관리하여 노즐이 이물질로 막히지 않게 한다.
다. 가스레인지는 주 1회 청소한다.
라. 퇴근 전에 중간 밸브가 잠겨 있는지 확인한다.

explanation

가스레인지는 매일 수시로 청결히 관리한다.

06 미용업소 화재 시 119 신고 전화로 전달해야 하는 내용으로 옳지 않은 것은?

가. 귀중품 종류
나. 화재 발생 장소 및 주소
다. 화재의 종류
라. 신고자 이름

explanation

신고자 이름, 화재 발생 장소 및 주소, 화재의 종류(전기, 기름, 가스 등)를 설명한다.

07 미용업소 화재 시 소화기 사용방법으로 옳은 것은?

가. 소화기를 불이 난 곳으로 옮겨 손잡이 부분의 안전핀을 뽑는다.
나. 바람을 마주하고 서서 호스를 불쪽으로 향하게 한다.
다. 손잡이를 힘껏 움켜쥐고 한 곳을 집중적으로 뿌린다.
라. 소화기는 눈에 잘 띄고 햇빛이 잘 드는 곳에 둔다.

explanation

소화기를 불이 난 곳으로 옮겨 손잡이 부분의 안전핀을 뽑는다.

08 미용업소 화재 대피 시에 대한 설명 중 옳지 않은 것은?

가. 엘리베이터를 이용하지 말고 계단을 이용하되 아래층으로 이동이 불가능할 때는 옥상으로 대피한다.
나. 무조건 방문을 열고 밖으로 나간다.
다. 연기가 새어 들어오면 담요나 시트, 양말 등을 물에 적셔서 틈을 막는다.
라. 연기가 많을 때는 한 손으로 코와 입을 젖은 수건 등으로 막고 낮은 자세로 이동한다.

explanation

방문을 열기 전에 문손잡이를 만져 보았을 때 뜨겁지 않으면 문을 열고 밖으로 나가며, 출구가 없으면 연기가 방안으로 들어오지 못하도록 물을 적신 옷이나 이불로 문틈을 막고 구조를 기다린다.

09 미용업소 낙상 사고 예방에 대한 설명 중 옳지 않은 것은?

가. 낙상 사고 예방을 위해 바닥에 떨어진 물기나 기타 이물질을 수시로 제거한다.
나. 계단이나 바닥의 미끄럼을 방지할 수 있도록 미끄럼 방지 테이프를 붙인다.
다. 발이 편한 슬리퍼를 신는다.
라. 미용업소 내 보행 시 뛰어다니지 않으며 주머니에 손을 넣지 않는다.

explanation

슬리퍼는 물기가 있을 경우 미끄러지기 쉽다.

10 화상 사고 발생 시 응급 조치에 사용되는 것으로 옳지 않은 것은?

가. 얼음물
나. 비누
다. 항생제 연고
라. 물파스

explanation

화상사고 발생 시 얼음물, 자극이 적은 비누, 항생제 연고 등이 응급 조치에 사용될 수 있다.

▮ 정답

1	2	3	4	5	6	7	8	9	10
라	나	나	가	다	가	가	나	다	라

고객응대서비스

CHAPTER 2

1 데스크 안내 업무하기
2 대기 고객 응대하기
3 고객 관리하기
4 불만족 고객 대처하기

CHAPTER 1
데스크 안내 업무하기

고객서비스 과정에서 서비스 종사자의 역할은 고객과 기업을 연결해주는 매개체이자 고객이 해당기업을 평가하는 중요한 판단기준이 된다. 따라서 서비스 종사자는 기업을 대표하며, 자신의 행동이 회사의 이미지를 만든다는 것을 인식해야 하며 고객 지향적 마인드를 언제 어디서나 유지하기 위한 노력을 게을리 해서는 안 된다. 실제로 근무를 하면서 오너 마인드를 가진 사람들은 책임의식과 사명감이 다를 뿐 아니라 고객에게도 긍정적인 평가를 얻을 수 있지만, 단순히 대리인이라고 생각하고 행동하는 사람은 영원히 같은 자리에 머무르게 된다.

미용서비스는 고객과 대면하여 이루어지는 대인서비스로, 일반적으로 고객이 내방하는 순간부터 사전 서비스에 해당하는 접객-상담-샴푸-스타일링-사후서비스로 이루어진다. 이는 결과품질 뿐만 아니라 과정품질도 매우 중요하다는 것이며, 고객 만족을 위해서 각각의 행동에 책임감을 가지고 구성원들 간의 협력과 원활한 커뮤니케이션이 성공의 핵심이라고 할 수 있다.

결과적으로 고객만족은 기대와 결과의 차이에서 비롯된다.

기대 〈 결과 - 높은 만족
기대 = 결과 - 보통의 만족
기대 〉 결과 - 낮은 만족

1. 데스크 안내 업무하기

가. 고객 안내

1) 접수처에서의 안내

미용실에 고객이 방문 시 가장 먼저 이루어지는 것이 접수이다. 이때 고객의 신규, 재방문, 예약 등의 사항을 확인해야 한다.

(1) 신규 고객일 경우

- 최초 방문고객인지 소개로 내방한 고객인지 파악한다.

(2) 재방문 고객일 경우

- 담당 디자이너가 있는 고객인지, 별도 지정 디자이너가 없는 고객인지 파악한다.

(3) 예약 고객일 경우

- 예약내용을 확인하여 접수한다.

2) 예약 내용 확인

예약내용 확인은 고객과 미용실 사이의 첫 대화이다. 빠뜨린 것이 없는지 작업에 필요한 사항을 확인한다.

3) 소지품의 보관

4) 대기석으로 안내

곧바로 작업에 들어가지 않을 상황이면 대기석으로 안내, 대기시간을 알려준다. 이때 필요 시, 회원카드를 작성하도록 하거나 필요한 서비스를 제공한다.

5) 작업석으로 이동안내

고객에게 이동목적을 알리고 손동작으로 방향을 제시하며 이동을 유도한다. 이때 위치는 고객의 옆에 비스듬히 앞서 걸으면서 목적한 장소까지 함께 이동한다.

나. 고객 상담

고객 상담은 고객과 컨설턴트 사이에서 언어, 비언어 등의 소통 수단을 통해 의견을 전달하고 피드백을 받으면서 의사소통하는 상호작용하는 과정이며, 영어로 커뮤니케이션(Communication)이라고도 한다.

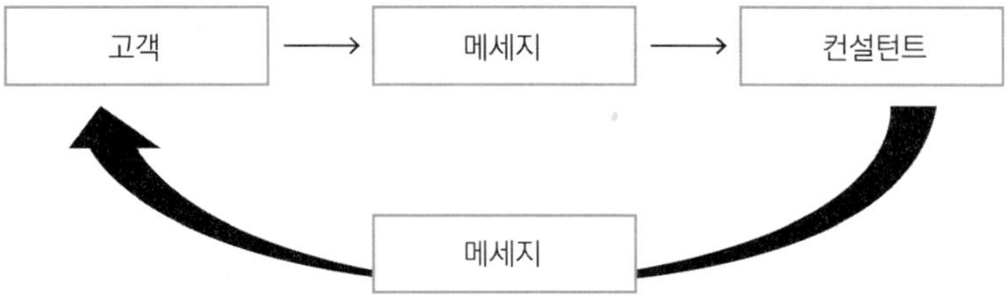

1) 의사소통

(1) 언어적 의사소통

- 언어적 의사소통은 '말'을 통해 커뮤니케이션하는 것으로 대부분 사람들 사이의 만남을 통해 이루어진다. 표현의 자유가 높고 피드백이 빠른 반면, 대상이 제한적이고 상황에 따라 다른 의미를 갖게 되므로 여러 사람을 거칠 경우 메시지가 왜곡되거나 억양으로 의미가 달라질 수 있다.

(2) 비언어적 의사소통

- 비언어적 의사소통은 얼굴표정, 눈맞춤, 제스쳐, 자세와 같은 표정과 행동을 포함하는 신체언어와 음성과 말투, 외적인 모습, 스타일 등을 포함한 신체적 외형이라고 할 수 있다. 언어적 의사소통이 뛰어나다 해도 비언어적 의사소통이 부적절하다면 설득력이 없다.

(가) 신체언어

① 얼굴표정

㉮ 개인의 감정을 표현하는 대표적인 수단으로 미소를 띠고 긍정적인 마음의 상태를 보여줌

㉯ 표정은 내면의 의미가 얼굴로 표출되는 것이다.

㉰ 표정으로 자신의 마음을 표현할 수 있고 말하는 사람의 마음을 읽을 수도 있다.

㉱ 표정은 마음의 징표이며 정신의 표현이다.

㉲ 표정이 바뀌면 그 사람의 감정도 실제로 바뀐다.

② 눈맞춤

눈맞춤을 피한다면 관심없다는 표현이 될 수 있음

③ 시선처리

㉮ 대화 시 상대방과 자연스럽고 부드러운 시선으로 눈을 맞춤

㉯ 대화의 상황에 따라 눈의 크기를 조절

㉰ 두리번거리거나 침착하지 못한 시선을 피할 것

㉱상대를 뚫어지게 응시하는 시선을 피할 것

④ 제스쳐(행동)

팔짱을 끼는 자세, 몸을 뒤로 젖히는 자세, 상대방쪽으로 몸을 기울이는 자세 등 상대방에 대한 호감의 정도나 태도를 나타냄

(나) 음성

말의 어조가 높으면 적대감과 대립감을 느낄 수 있으며 낮으면 만족이나 안심을 일으킨다. 말의 속도와 리듬이 빠르면 상대방이 싫증을 느낄 수 있다.

(다) 신체적 외형

신체적 외형이란 신체의 외적 모습, 옷차림, 머리모양, 화장, 손발의 청결 상태 등을 의미한다. 이는 긍정적인 첫인상을 주는데 매우 중요한 요인이다. 신체적인 매력이 높은 서비스 제공자는 상대로 하여금 호감도를 상승시키고 정보와 메시지의 신뢰감을 높인다.

고객을 응대할 때는 표정, 옷차림, 생김새, 태도 등의 시각적 요소가 55%, 말투, 빠르기 어조 등의 청각적 요소가 38%, 말의 내용이 7%를 차지한다.

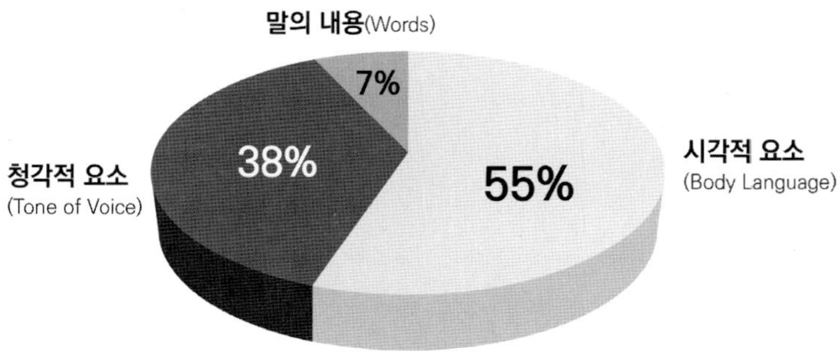

메라비언의 법칙; 알버트 메라비언 (Albert Mehrabian)

2) 의사소통의 기법

(1) 효과적인 말하기

(가) 긍정적인 표현

긍정적인 부분을 중심으로 표현

긍정과 부정을 함께 말할 때는 긍정적인 내용을 먼저 이야기하고 나중에 부정적인 것을 말한다.

기다리게 해서 죄송합니다 (X)
기다려주셔서 감사합니다 (O)

이곳에서 담배를 피워서는 안 됩니다 (X)
건물 바깥에 흡연실이 마련되어 있습니다 (O)

(나) 청유형의 표현

명령형의 표현은 거부감을 불러일으킬 수 있으므로 상대의 의견을 구하는 표현을 사용한다.

조금만 기다려 주세요 (X)
조금만 기다려 주시겠습니까? (O)

(다) 개방적인 표현

상대의 이야기를 듣기 위해서는 적절한 질문요령이 필요하다. 예/아니요의 대답만 가능한 폐쇄적인 질문은 지양하고 개방적인 질문을 사용한다.

오늘 하루 즐거우셨습니까? (X)
오늘 하루 어떠셨나요? (O)

(라) 쿠션언어의 사용

상대방이 원하는 것을 들어주지 못하거나 부탁할 경우 기분이 나빠지는 것을 최소화할 수 있다.

미안합니다만, ~~
죄송합니다만, ~~
실례입니다만, ~~
바쁘시겠지만, ~~

(마) "I"메시지 사용

대화의 주체가 '너'가 아닌, '나'가 되어 표현하는 것으로 상대방에게 나의 의사를 충분히 전달하면서 상대가 기분 나쁘지 않게 자신의 행동을 반성하고 개선할 마음을 가지게 한다.

넌 왜 그렇게 하니? (X)
네가 그렇게 하니까 내 마음이 상해! (O)
당신은 왜 매일 지각인가? (X)
자네가 지각할 때마다 나는 신경이 곤두선다네 (O)

(2) 경청

경청이란 상대의 말을 듣기만 하는 것이 아니라 상대방이 전달하고자 하는 말의 내용은 물론이며, 그 내면에 깔려있는 동기나 정서에 귀를 기울여 들은 다음 이해된 바를 상대방에게 피드백하여 주는 상호작용을 말한다. 공감적 경청이란 시선을 맞추고 미소를 띠며 적당한 거리를 두고 고객을 향하여 응대하는 것으로 의사소통 기법 중 가장 중요한 기법이다.

(가) 경청의 수준

맞장구를 치며 듣는 척함 → 선택적 청취 → 신중한 청취 → 공감적 경청 (상황분석+감정분석)

① 반복하기
키워드를 반복하여 잘 듣고 있는 것을 보여줌
② 정리하기
상대방의 말을 요약해서 반복함으로써 제대로 이해했는지 확인함
③ 감정반영하기
공감함으로써 상대방의 감정을 이해했다는 것을 인식시킴

■ 고객을 잃는 이유

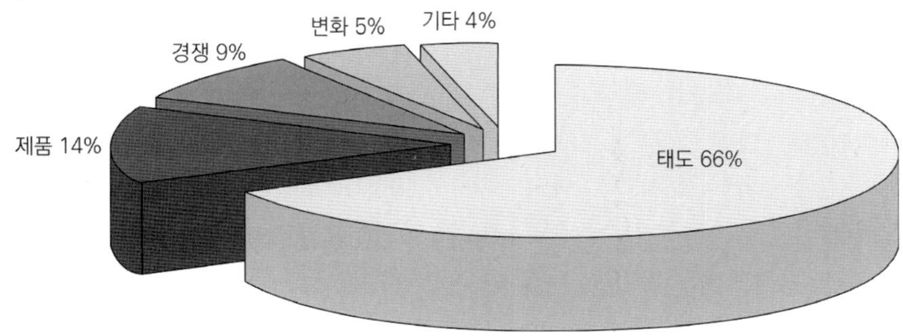

출처:TARP(미국 고객의 소리 연구회)

④ 대표적인 서비스 용어
- 고객님,안녕하십니까?
- 매니저, 000입니다.
- 불편을 끼쳐드려 죄송합니다.
- 기다려 주셔서 감사합니다.
- 협조해 주셔서 감사합니다.
- 정말 죄송합니다.
- 다른 불편사항 없으십니까?
- 더욱 노력 하겠습니다.
- 행복하십시오.

3) 전화응대

고객과 회사와의 얼굴 없는 만남이며, 고객과 기업의 첫 번째 접점이다. 미용실로 걸려오는 전화는 예약, 요금문의, 위치문의, 항의 등의 이유가 대부분으로 정확한 용건을 확인하기 위해 메모장을 비치한다.

수화기 들기	인사하기	미용실 이름, 본인성명 밝히기	메모하면서 경청	메모된 내용 확인	끝인사 하기	수화기 내려놓기
벨이 두 번 울리면 즉시 받는다.	밝고 명랑한 인사	정확한 발음으로 친절하게 밝힌다.	중요 내용을 메모한다.	주요내용, 숫자, 장소, 위치 등 요약	전화인사도 실제처럼 감사하는 마음을 담아 전한다.	상대방에 끊는 것을 확인 후 내려놓는다.

(1) 전화응대의 원칙

(가) 친절-상대방을 존중하며 열린 마음으로 정성을 다해 응대한다.

(나) 예의-직책과 이름을 밝히고 정중한 말씨를 쓰며 경어를 사용한다.

(다) 정확-상대방에게 정확한 정보를 전달하기 위해 5W, 3H로 메도하는 습관을 기른다.

㉮ 5W: who(전화 요청자/담당자), when(일시), where(장소), why(이유), what(대상)

㉯ 3H: how(방법),how much(가격), how many(수량)

(라) 신속-전화벨이 3번 울리기 전에 받는다. 고객의 시간을 존중하여 간결하게 통화하고 보고나 결과 통보 예정시간을 미리 알려준다.

4) 예약안내

예약은 고객입장에서 효율적인 시간활용을 할 수 있으며, 미용실 입장에서도 고급화된 서비스를 제공할 수 있다.

(1) 방문시간

(2) 담당 디자이너의 작업일정

(3) 작업내용

(4) 기타 요구하는 서비스

5) 정산안내

미용실에서의 작업은 다양하고 세분화되어 있다. 대표적인 작업으로는 커트, 퍼머넌트웨이브, 염색 등으로 나뉘며 각 작업별 기법 및 종류에 따라 가격이 달라진다.

(1) 요금의 설정

(가) 작업자별 요금

해당 미용실의 정해진 요금체계를 이해해야 한다.

(나) 메뉴별 요금

미용실의 다양한 메뉴에 따라 모발의 양, 길이 또는 추가 기능을 목적으로 하는 것에 따라 요금이 달라지므로 미용실에서 사용하고 있는 요금표를 활용하여 요금을 설정한다.

(2) 카드 단말기 사용

(가) 단말기 홈에 카드의 화살표 방향을 맞춰 넣은 후 긁는다.
(나) 금액을 입력한다.
(다) 할부 또는 일시불을 클릭한다.
(라) 고객에게 서명을 받는다.
(마) 영수증을 출력한다.

(3) 현금 결제 시

(가) 고객으로부터 현금을 받는다.
(나) 현금영수증의 발급 여부를 묻는다.
(다) 고객에게 현금 영수증과 거스름돈을 공손하게 건넨다.

(4) 제휴카드의 활용

미용실마다 제휴카드의 사용 여부, 활용 방법이 다르므로 부가서비스 체계를 이해한 후 활용한다.

CHAPTER 1 데스크 안내 업무하기 예상문제

01 고객 응대 서비스 중 서비스 종사자의 역할과 마인드로 옳지 않은 것은?

가. 서비스 종사자는 고객과 기업을 연결해주는 매개체이다.
나. 서비스 종사자의 행동이 기업을 대표하며 기업의 이미지를 만든다.
다. 고객 지향적 마인드를 유지하기 위해 노력한다.
라. 주인은 아니므로 근무자의 마음가짐으로 행동한다.

explanation

오너마인드를 지니고 책임의식과 사명감을 가지고 행동해야 한다.

02 미용실에서 고객이 방문 시 가장 먼저 이루어지는 것이 접수이다. 이때 안내사항으로 옳지 않은 것은?

가. 신규고객일 경우 담당 디자이너가 있는지 파악한다.
나. 예약고객인지 확인하여 접수한다.
다. 곧바로 작업에 들어가지 않을 상황이면 대기석으로 안내, 대기시간을 알려준다.
라. 작업석으로 안내 시 고객에게 이동목적을 알리고 손동작으로 방향을 제시하며 이동을 유도한다.

explanation

재방문 고객일 경우 담당 디자이너가 있는 고객인지, 별도 지정 디자이너가 없는 고객인지 파악한다.

03 다음 중 인사 매너에 대한 설명으로 옳지 않은 것은?

가. 상대방의 얼굴을 보며 한다.
나. 밝은 표정으로 한다.
다. 인사는 아랫사람이 먼저 한다.
라. 시간과 장소, 상황을 고려해서 한다.

explanation

인사는 밝은 목소리로 분명하게 인사말과 함께 내가 먼저 한다.

04 서비스는 고객과 대변하여 이루어지는 대인 서비스로 고객이 내방하는 순간부터 (　　) → (　　) → (　　) → (　　) → (　　)로 이루어 진다. (　　)안에 맞는 말이 순서대로 잘 정리된 것을 고르시오.

가. 접객-상담-스타일링-사후서비스-상담
나. 접객-상담-샴푸-스타일링-사후서비스
다. 상담-샴푸-접객-스타일링-사후서비스
라. 스타일링-샴푸-접객-상담-사후서비스

05 다음 중 전화 응대 시 전화를 받을 때의 행동으로 옳지 않은 것은?

가. 상대방이 전화를 끊은 뒤 수화기를 내려놓는 것이 예의이다.
나. 전화 받는 사람의 음성이 그 회사에 대한 첫인상이라고 해도 과언이 아니다.
다. 용건은 간단하고 정확하게 메모한다.
라. 전화가 들리지 않더라도 다시 한 번 말해 달라는 것은 예의가 아니다.

explanation

전화가 잘 들리지 않으면 정중하게 한 번 더 요청한다.

06 전화 응대 시 직책과 이름을 밝히고 정중한 말씨와 경어를 사용하는 것 중 옳은 것은?

가. 예의　　나. 친절
다. 정확　　라. 신속

explanation

전화응대 시 직책과 이름을 밝히고 정중한 말씨를 사용하는 것은 예의에 속한다.

07 전화 응대 시 상대방에게 정보를 전달하기 위해 5W, 3H방법으로 메모하는 것 중 옳은 것은?

가. 예의　　나. 친절
다. 정확　　라. 신속

explanation

- 5W: who(전화 요청자/담당자), when(일시), where(장소), why(이유), what(대상)
- 3H: how(방법),how much(가격), how many(수량)으로 정확한 전달을 위해 메모한다.

08 정산 시 주의사항으로 옳지 않은 것은?

가. 해당미용실의 정해진 요금체계를 알고 정산한다.
나. 제휴카드의 사용이나 활용 방법을 알고 정산한다.
다. 다양한 메뉴, 모량, 길이 등의 추가 요금을 알고 정산한다.
라. 정신 시 모르는 부분은 고객에게 물어보며 정산한다.

explanation

미용실 요금에 관련된 사항을 모두 알고 정산에 임해야 한다.

09 다음 중 정산 시 주의사항으로 옳지 않은 것은?

가. 작업메뉴별로 정해진 요금체계를 이해하여 정산한다.
나. 카드 단말기를 사용할 때 고객에게 서명을 받는다.
다. 제휴카드 사용 시 활용 방법이 다르므로 부가서비스 체계를 이해한다.
라. 작업자별로는 요금이 달라질 것이 없으니 정중히 계산한다.

explanation

미용실은 작업자별로 요금이 달라질 수 있으니 해당 미용실의 정해진 요금체계를 이해해야 한다.

10 다음 중 경청의 수준으로 옳은 것은?

가. 공감적 경청-> 선택적 청취->신중한 청취-> 맞장구치며 듣는 척함
나. 맞장구치며 듣는 척함-> 선택적 청취 -> 신중한 청취 -> 공감적 경청
다. 신중한 청취->공감적 경청-> 선택적 청취-> 맞장구치며 듣는 척함
라. 공감적 경청-> 신중한 청취->선택적 청위->맞장구치면서 듣는 척함

explanation

경청의 수준은 맞장구치며 듣는 척함-> 선택적 청취 -> 신중한 청취 -> 공감적 경청이다.

11 (　　　)안에 맞는 말을 고르시오.

(　　　)이란 상대의 말을 듣기만 하는 것이 아니라 상대방이 전달하고자 하는 말의 내용은 물론이며, 그 내면에 깔려있는 동기나 정서에 귀를 기울여 들은 다음 이해된 바를 상대방에게 피드백하여 주는 (　　　)을 말한다.

가. 경청, 상호작용　　　나. 상호작용, 경청
다. 의사소통, 상호작용　　　라. 상호작용, 의사소통

12 다음 중 전화응대에 대한 설명으로 옳지 않은 것은?

가. 정성을 다해 상대방을 존중하는 마음으로 응대한다.
나. 직책과 이름을 밝히고 정중한 말씨로 응대한다.
다. 바쁠 때는 전화벨이 많이 울리더라도 천천히 전화를 받는다.
라. 데스크에 메모지를 비치하여 5W, 3H로 메모하는 습관을 기른다.

explanation

전화는 신속하게 벨이 3번 울리기전에 받는다.

- 5W: who(전화 요청자/담당자), when(일시), where(장소), why(이유), what(대상)
- 3H: how(방법),how much(가격), how many(수량)

13 다음 중 고객 상담에 대한 내용 중 옳은 것은?

가. 고객 상담은 고객과 컨설턴트 사이에서 언어적 의사소통만을 통해 의견을 전달하고 피드백을 받는 상호작용이다.
나. 언어적 의사소통이란 얼굴표정, 눈맞춤, 제스쳐 등의 표정과 행동을 포함한다.
다. 비언어적 의사소통이란 말을 통해 커뮤니케이션 하는 것이다.
라. 언어적 의사소통이 뛰어나다 해도 비언어적 의사소통이 부적절하다면 설득력이 없다.

explanation

언어적 의사소통은 '말'을 통해 커뮤니케이션하는 것으로 대부분 사람들 사이의 만남을 통해 이루어진다. 비언어적 의사소통은 얼굴표정, 눈맞춤, 제스쳐, 자세와 같은 표정과 행동을 포함하는 신체언어와 음성과 말투, 외적인 모습, 스타일 등을 포함한 신체적 외형이라고 할 수 있다

14 언어적 커뮤니케이션과 비언어적 커뮤니케이션에 대한 설명으로 옳지 않은 것은?

가. 비언어적 커뮤니케이션은 감정적, 정서적인 정보를 전달한다.
나. 커뮤니케이션의 93%가 비언어적 채널로 구성되어 있다.
다. 언어적 커뮤니케이션은 표현의 자유가 제한적이고 피드백이 느린 단점이 있다.
라. 언어적 커뮤니케이션은 요점을 명확히 주고받을 수 있기에 비언어적 커뮤니케이션보다 신뢰성이 높은 의사전달수단이다.

explanation

언어적 표현의 자유가 높고 피드백이 빠른 반면, 대상이 제한적이고 상황에 따라 다른 의미를 갖게 되므로 여러 사람을 거칠 경우 메시지가 왜곡되거나 억양으로 의미가 달라질 수 있다.

15 다음 중 커뮤니케이션의 기능에 대한 설명으로 옳지 않은 것은?

가. 커뮤니케이션은 의사결정에 필요한 정보를 제공하는 기능을 한다.
나. 커뮤니케이션은 감정표현과 사회적 욕구 충족을 위한 표출구를 제공한다.
다. 커뮤니케이션은 언어적커뮤니케이션과 비언어적커뮤니케이션 중에 한 가지를 선택해서 사용하면 된다.
라. 커뮤니케이션은 인간의 의사소통 행위이다.

explanation

인간은 사회적으로 서로의 생각과 감정을 나누는 커뮤니케이션을 중요하게 생각하며 언어적 커뮤니케이션과 비언어적 커뮤니케이션 모두 사용하여 상호작용한다.

16 다음 중 의사소통의 상호작용 뜻을 가진 영어로 옳은 것은?

가. 컨설턴트　　나. 커뮤니케이션
다. 피드백　　라. 메시지

explanation

고객상담은 고객과 컨설턴트 사이에서 언어, 비언어 등의 소통 수단을 통해 의견을 전달하고 피드백을 받으면서 의사소통하는 상호작용하는 과정이며, 영어로 커뮤니케이션(Communication)이라고도 한다.

17 다음 중'말'을 통해 커뮤니케이션 하는 것으로 표현의 자유가 높고 피드백이 빠른 의사소통으로 옳은 것은?

가. 언어적 의사소통
나. 비언어적 의사소통

explanation

언어적 의사소통은'말'을 통해 커뮤니케이션하는 것으로 대부분 사람들 사이의 만남을 통해 이루어진다. 표현의 자유가 높고 피드백이 빠른 반면, 대상이 제한적이고 상황에 따라 다른 의미를 갖게 되므로 여러 사람을 거칠 경우 메시지가 왜곡되거나 억양으로 의미가 달라질 수 있다.

18 다음 중 얼굴표정, 눈맞춤, 제스쳐와 같은 표정과 행동을 포함하는 신체언어와 음성과 말투, 외적인 스타일 등을 포함한 의사소통으로 옳은 것은?

가. 언어적 의사소통
나. 비언어적 의사소통

explanation

비언어적 의사소통은 얼굴표정, 눈맞춤, 제스처, 자세와 같은 표정과 행동을 포함하는 신체언어와 음성과 말투, 외적인 모습, 스타일 등을 포함한 신체적 외형이라고 할 수 있다. 언어적 의사소통이 뛰어나다 해도 비언어적 의사소통이 부적절하다면 설득력이 없다.

19 다음 중 효과적인 말하기로 옳지 않은 것은?

가. 긍정적인 부분을 중심으로 표현한다.
나. 상대의 이야기를 듣기 위해 개방적인 질문을 사용한다.
다. 명령형의 표현은 올바른 작업을 위해 필요하다.
라. 상대방이 원하는 것을 들어주지 못할 경우 쿠션 언어를 사용하면 좋다.

explanation

명령형의 표현은 거부감을 불러일으킬 수 있으므로 상대의 의견을 구하는 표현을 사용한다.

20 다음 중 "I"메시지를 사용하는 언어로 옳지 않은 것은?

가. 네가 그렇게 하니까 내 마음이 아파.
나. 자네는 왜 매일 지각인가?
다. 자네가 결근할 때마다 내 신경이 곤두선다네.
라. 당신이 힘들 때마다 내가 마음이 불편해.

explanation

명령형의 표현은 거부감을 불러일으킬 수 있으므로 상대의 의견을 구하는 표현을 사용한다.

21 상대의 말을 듣기만 하는 것이 아니라 상대방이 전달하고자 하는 말의 내용과 그 내면에 있는 동기와 정서를 귀 기울여 들은 다음 이해된 바를 상대방에게 피드백하여 주는 것으로 옳은 것은?

가. 공감　　나. 경청
다. 공감적 경청　　라. 신중한 듣기

explanation

공감적 경청이란 시선을 맞추고 미소를 띠며 적당한 거리를 두고 고객을 향하여 응대하는 것으로 의사소통 기법 중 가장 중요한 기법이다.

22 호감을 주는 시선처리로 옳지 않은 것은?

가. 대화할 때 상대방을 자연스럽게 응시한다.
나. 상대에 대한 존중의 표시로 상대의 눈에서 시선을 떼지 않는다.
다. 대화의 주제나 내용에 따라서 표정을 달리한다.
라. 대화를 나눌 때 시선을 피하거나 주위를 두리번거리지 않는다.

explanation

상대방을 뚫어지게 응시하는 시선은 피해야 할 눈의 표정이다.

23 표정의 개념 및 중요성에 대한 설명으로 옳지 않은 것은?

가. 표정은 내면의 어떠한 의미가 얼굴로 표출되는 것이다.
나. 표정은 상대에게 심리적 영향을 미친다.
다. 표정을 통해 상대방의 마음을 읽을 수는 없다.
라. 얼굴의 표정이 바뀌면 그 사람의 감정도 실제로 바뀐다고 한다.

explanation

표정은 마음의 징표이며 정신의 표현으로 표정을 통해 상대방의 마음을 읽을 수 있다.

24 고객과의 효과적인 커뮤니케이션을 위한 예에 해당하는 것으로 옳은 것은?

가. 대화 중 상대방의 반응을 요구한다.
나. 대화 중 상대가 잘 안 들릴 수 있으므로 큰소리로 이야기한다.
다. 대화 중 제스쳐를 많이 사용하여 이야기한다.
라. 대화 중 상대방이 알아들을 수 있는 쉬운 용어를 사용한다.

explanation

효과적인 커뮤니케이션에서는 상대방이 알아들을 수 있는 쉬운 용어를 사용하도록 한다.

25 다음 중 데스크 안내 상황에서 옳은 것은?

가. 신규손님의 경우 담당 디자이너가 있는지 물어보고 소지품을 보관한다.
나. 곧바로 작업에 들어가지 않을 상황이면 대기석으로 안내, 대기 시간을 알려준다.
다. 작업석으로 이동 안내 시 고객에게 이동할 목적지를 알리고 가서 대기하도록 한다.
라. 예약 내용 확인 시 나중에 보완하면 되므로 우선 작업석으로 안내한다.

explanation

예약내용을 우선 확인 하고, 작업석으로 이동 안내 시 함께 이동한다.

26 다음 중 예약 사항으로 옳지 않는 것은?

가. 방문시간
나. 담당디자이너의 작업일정
다. 작업내용과 기타 요구하는 서비스
라. 정산안내

explanation

예약 시 안내 할 사항은 방문시간, 담당 디자이너의 작업일정, 작업내용, 기타 요구하는 서비스이다.

▌정답

1	2	3	4	5	6	7	8	9	10
라	가	다	나	라	가	다	라	라	나
11	12	13	14	15	16	17	18	19	20
가	다	라	다	다	나	가	나	다	나
21	22	23	24	25	26				
다	나	다	라	나	라				

CHAPTER 2
대기 고객 응대하기

1. 대기 고객 응대하기

미용실에서 고객이 대기하는 경우는 예약 없이 방문했거나 입점고객이 많을 때, 작업 중 중간과정에서 대기할 때 등 흔히 있는 경우이다. 이때 고객의 불편함이 없도록 세심한 안내와 주의가 필요하다.

가. 대기 안내

1) 대기 시간의 안내

담당 디자이너가 작업 중이거나, 예약하지 않고 미용실에 방문한 고객이 작업 시간까지 대기해야 하는 경우 대기 사유 및 대기 시간을 알려 고객을 안심시키고, 음료 서비스 및 부가서비스를 제공한다.

2) 작업공간으로 안내

(1) 안내- 먼저 고객에게 이동할 장소를 알리고 고객의 오른쪽 2보 앞에서 몸을 고객쪽으로 약간 비켜선 자세로 고객과 맞추어 걷는다.
(2) 시선- 고객의 눈-〉 가리키는 방향-〉 고객의 눈 순으로 이동하며 고객의 상태를 살핀다.
(3) 말- 목적지를 말하며 손가락을 모으고 손바닥은 위로 향하게 하여 가야 할 방향쪽을 가리킨다.

나. 대기 고객 관리

대기실은 고객이 기다리는 동안 휴식도 즐기고 정보도 얻을 수 있는 공간이다. 대기하는 시간이 지루하거나 아깝다는 생각이 들기보다는 휴식을 취하고 대접을 받았다는 느낌을 받도록 세심하고 친절한 서비스를 제공해야 한다.

1) 다과접대

계절에 따라 커피, 녹차, 허브차 등의 따뜻한 차와 주스, 탄산음료, 냉커피 등의 시원한 차를 고객의 기호에 맞춰 접대한다. 때에 따라 차와 함께 곁들여 먹을 수 있는 스낵류를 준비한다.

2) 차 접대

(1) 접대 전: 찻잔의 청결상태를 점검하고 따뜻한 차를 접대할 경우 찻잔을 따뜻하게 데운다.

(2) 접대 시: 고객 수에 맞게 차의 종류를 점검하고 찻잔의 70~80% 정도의 분량을 채운다음 쟁반에 받쳐 이동한다. 잔과 컵은 고객의 입이 닿지 않는 부분을 잡는다.

CHAPTER 2 대기 고객 응대하기 예상문제

01 대기 고객 관리 시 옳지 않는 것은 ?

가. 대기하는 시간이 지루하지 않도록 세심하고 친절한 서비스를 제공한다.
나. 계절에 따라 따뜻한 음료, 시원한 음료 등을 고객의 기호에 맞게 제공한다.
다. 찻잔이나 컵의 아래쪽은 고객이 잡을 수 있도록 윗부분을 잡고 제공한다.
라. 찻잔의 청결상태를 살피고 따뜻한 차를 대접할 경우 찻잔을 데운다.

explanation

찻잔이나 컵은 입이 닿지 않는 부분을 잡는다. 찻잔은 손잡이가 고객의 오른편으로 가도록 놓는다.

02 다음 중 고객에 대한 의사소통의 기법 중 효과적인 말하기로 옳지 않는 것은 ?

가. 긍정과 부정을 함께 말할 때는 긍정적인 내용을 먼저 이야기 한 후 부정적인 내용을 말한다.
나. 명령형의 표현은 거부감을 불러일으킬 수 있으므로 상대의 의견을 구하는 청유형의 표현을 사용한다.
다. 쿠션언어를 사용하면 상대의 부탁을 들어주지 못했을 때 기분 나빠지는 것을 최소화할 수 있다.
라. 고객과 이야기가 끊겼을 때는 사상 및 종교 이야기를 화두로 이어나가면 좋다.

explanation

사상 및 종교 관련 이야기는 이념으로 부딪칠 수 있으니 서비스에서는 안하는 것이 좋다.

03 다음 중 방향안내 동작으로 옳지 않는 것은?

가. 먼저 고객에게 이동할 장소를 알리고 고객의 오른쪽 2보 앞에서 몸을 고객 쪽으로 약간 비켜선 자세로 고객과 맞추어 걷는다.
나. 시선- 고객의 눈-〉 가리키는 방향-〉 고객의 눈 순으로 이동하며 고객의 상태를 살핀다.
다. 목적지를 말하며 손가락을 모으고 손바닥은 위로 향하게 하여 가야 할 방향 쪽을 가리킨다.
라. 직원의 입장에서 구체적이고 정확하게 위치를 안내한다.

explanation

고객의 입장에서 구체적이고 정확한 위치를 안내한다.

04 미용실에서 대기 시간이 있을 경우 고객을 작업공간으로 안내 시 옳지 않는 것은?

가. 먼저 고객에게 이동할 장소를 알리고 고객의 옆에서 걷는다.
나. 시선은 고객의 눈 → 가르키는 방향 → 고객의 눈 순으로 이동하며 고객의 상태를 살핀다.
다. 목적지를 말하고 고객이 가야할 방향을 가리키며, 가서 대기하도록 한다.
라. 고객이 기다리는 동안 휴식도 즐기고 정보도 얻을 수 있도록 배려한다.

explanation

안내- 먼저 고객에게 이동할 장소를 알리고 고객의 오른쪽 2보 앞에서 몸을 고객 쪽으로 약간 비켜선 자세로 고객과 맞추어 걷는다.

▮ 정답

1	2	3	4
다	라	라	다

CHAPTER 3
고객 관리하기

1. 고객 관리하기

가. 고객 정보 수집

개인정보보호법에 따라 개인정보의 수집과 이용목적, 수집하려는 개인정보의 항목, 개인정보의 보유 및 이용기간, 동의를 거부할 권리 등의 내용에 대한 동의를 받고 개인정정보를 수집한다.

1) 회원 가입 신청서

성별, 이름, 주소, 이메일, 기념일, 직업, 직장 등의 내용을 받는다.

2) 고객 작업 카드

(1) 헤어작업카드

고객 기본 정보, 모발에 대한 기본정보(손상도, 길이, 기타), 모발과 정보(두피, 체질, 두상, 기타), 작업정보, 고객의 취향 등

(2) 두피 및 모발 진단 카드

고객 기본 정보, 진단정보(두피 유형, 두피 상태, 탈모 상태, 모발 유형, 모발 손상도 등)와 작업정보(담당 관리자, 관리 기간 및 프로그램, 관리 내용, 일자, 사용약제, 관리 결과 등), 사후관리 정보(차기 예약 상황, 홈케어 사항, 주의사항 등)

* 고객카드(예시)

고객 정보			
고 객 명		담당 관리자	
생년월일		전 화 번 호	
E-mail		주 소	
방문 전 시술 서비스		희망 시술 서비스	
과거 병력		시술 후 부작용	
건강 상태		이전 시술 시 불편 사항	
알레르기 여부		약 복용	
서비스 종류		직업	
잠재 성향		나이	
선호 성향			
기타 상담 내용			

분 류	내 용	진 단
얼굴형	얼굴 형태	
두 피	두피 상태	
	모공 상태	
	두피 색	
	각질 유무	
모 발	모발 길이	
	모발의 양	
	모발 손상도	
	모발 색	

나. 고객 정보 활용 및 보안

미용실에 가입한 회원과 잠재 고객에게 재방문 시기와 홍보내용을 안내하고 고객의 충성도를 높이기 위해 고객만족도를 모니터링 한다.

1) 고객 정보 활용

(1) 회원 및 잠재고객에게 재방문 시기 및 홍보 내용을 안내한다.
(2) 작업고객의 만족도를 모니터링 한다.
(3) 고객 만족도를 조사한다.
(4) 고객만족도 조사를 서비스 개선에 반영한다.

2) 고객 정보 보안

개인 정보 관리자는 고객의 개인정보가 분실, 도난, 유출, 변조, 훼손되지 않도록 안전성을 확보할 책임이 있다. 고객 정보가 기록된 컴퓨터는 타인에게 노출되지 않도록 비밀번호를 설정하며, 주기적으로 변경하도록 한다. 또한 컴퓨터가 바이러스에 감염되지 않도록 백신 프로그램을 설치, 주기적으로 업데이트 하도록 한다.

CHAPTER 3 고객 관리하기 예상문제

01 다음 중 고객정보 관리의 주의사항으로 옳지 않는 것은?

가. 개인정보 관리자는 고객의 정보가 분식, 도난, 유출 되지 않도록 주의한다.
나. 고객 정보가 기록된 컴퓨터는 타인에게 노출되지 않도록 비밀번호를 설정한다.
다. 컴퓨터가 바이러스에 감염되지 않도록 백신 프로그램을 설치, 주기적으로 업데이트 한다.
라. 고객의 정보는 컴퓨터에 보관하고 홍보에 적극적으로 이용한다.

02 고객 작업 카드에 들어가지 않아도 되는 정보를 고르시오.

가. 고객의 나이, 학력, 고향, 이름 등 기본 정보
나. 고객의 모발 손상도, 길이 등의 정보
다. 고객의 두피유형, 두피 상태, 탈모 상태 등의 기본 정보
라. 차기 예약 상황, 홈케어 주의사항 등의 사후 관리 정보

explanation

① 헤어작업카드
고객 기본 정보, 모발에 대한 기본정보(손상도, 길이, 기타), 모발에 대한 기본정보(두피, 체질, 두상, 기타), 작업정보, 고객의 취향 등
② 두피 및 모발 진단 카드
고객 기본 정보, 진단정보(두피 유형, 두피 상태, 탈모 상태, 모발유형, 모발 손상도 등)와 작업정보(담당 관리자, 관리 기간 및 프로그램, 관리 내용, 일자, 사용약제, 관리 결과 등), 사후관리 정보(차기 예약 상황, 홈케어 사항, 주의사항 등)

03 고객정보 수집 시 고객에게 동의를 받지 않아도 되는 것으로 옳은 것은?

가. 개인정보의 항목
나. 개인정보의 수집과 이용목적
다. 개인정보의 보유 및 이용기간
라. 재방문 시기 안내

정답

1	2	3
라	가	라

CHAPTER 4
불만족 고객 대처하기

1. 불만족 고객 대처하기

미용실 서비스에 불만족한 고객은 다음과 같은 4가지 유형으로 나뉜다.

- 헤어살롱에 직접 불만을 제기하는 유형
- 소비자 보호단체 및 법률기관을 통해 행동을 취하는 유형
- 미용실을 바꾸고 부정적인 구전을 전파하는 유형
- 아무 행동도 취하지 않은 유형

가. 불만족 고객 발생

1) 불만의 발생원인

불만의 발생원인은 크게 미용실 측에 원인이 있는 경우와 고객 측에 원인이 있는 경우로 나뉜다.

(1) 미용실 측의 원인

(가) 접객에 대한 불만

직원의 무성의한 언행, 고객의 요구 거절, 긴 대기시간, 안내 미흡

(나) 작업에 대한 불만

파마, 커트, 컬러링 등에 대한 불만족, 작업가격과 재작업에 대한 불만족

(다) 시설에 대한 불만

냉난방 미비, 주차시설 불편, 휴게시설 및 화장실 불편

(2) 고객 측의 원인

(가) 취급부주의로 인한 불만

(나) 미용실 내부 규정 및 방침의 이해 부족으로 인한 불만

(다) 고객의 변심(기억의 착오 및 상황의 변화)

나. 고객의 심리

1) 고객의 심리 이해

고객은 자기를 기억하여 환영해주기를 바라며 손해보고 싶어 하지 않는다. 고객은 고품질의 기술과 서비스를 받고 싶어 하며 자신의 기대와 욕구가 받아들여지기를 원한다.

(1) 고객의 기본 심리

- 환영기대심리, 독점심리, 우월심리, 모방심리, 보상심리, 자기본위적심리, 존중기대심리

(2) 고객의 특성

(가) 고객은 요구사항이 많고 권리주장이 강하다.
(나) 고객은 친절, 신속, 정확한 서비스를 기대한다.
(다) 고객은 자신이 지불한 금액에 해당하는 서비스를 제공받으려고 한다.
(라) 고객은 자신만을 알아주기를 은근히 바란다.

2) 불만족 고객의 심리

문제해결에 대한 초조감 및 피해의식과 존중받지 못했다는 의식이 내면에 깔려있고 주변사람들로부터 심리적 압박감이 생길 수 있다.

다. 불만족 고객 초기 대응 자세

1) 경청

고객과 눈을 마주침으로써 자신의 입장을 이해하고 이야기에 집중한다는 느낌을 갖도록 한다.

(1) 고객이 말하는 중간에 끼어들지 않기
(2) 편안하고 개방적인 자세 취하기
(3) 고객의 불만에 대한 공감 전달하기

2) 응대

효과적인 고객의 불만족 처리 방법은 담당하는 직원에서 책임자, 상급자, 직원의 성별 등을 바꾸어 응대하는 것이다. 그리고 즉각적인 해결방법보다 이성적으로 생각할 수 있는 시간을 둔다든지 장소를 옮겨 처리할 수 있도록 한다.

3) 불만족 고객의 요구사항 처리 및 서비스 회복

고객의 불만은 서비스에 대한 불만 사항과 감정 및 욕구에 대한 불만 사항으로 구분된다.

(1) 불만족 고객의 요구사항 처리

(가) 서비스 불만-금전적 차원으로 보상

(나) 감정과 욕구에 대한 불만-심리적 차원, 행동적 차원으로 대처

(2) 서비스 회복

불만족 고객의 서비스 회복은 신속성, 정확성, 공정성을 담고 해결되어야 한다.

(가) 처리의 신속성-불만족 사항을 접수하고 빠른 시간 내에 불만족 사항을 처리

(나) 처리의 정확성-처리과정을 알리고 불만사항 해결방법에 합의

(다) 처리의 공정성-고객이 원하는 보상내용 및 범위를 정중히 물어 합리적인 보상의 기회 제공

CHAPTER 4 불만족 고객 대처하기 예상문제

01 불만족 고객의 서비스 회복 시 옳지 않는 것은?

가. 처리의 신속성-불만족 사항을 접수하고 빠른 시간 내에 불만족 사항을 처리
나. 처리의 정확성-처리과정을 알리고 불만사항 해결방법에 합의
다. 처리의 공정성-고객이 원하는 보상내용 및 범위를 정중히 물어 합리적인 보상의 기회 제공
라. 처리의 통보성-보상의 처리과정을 알아서 통보한다.

02 고객의 기본심리 중 다른 고객을 닮고 싶은 심리는 다음 중 옳은 것은?

가. 독점심리
나. 환영기대심리
다. 모방심리
라. 자기본위적 심리

explanation

환영기대심리- 환영해주고 반가워해 주기를 바람
독점심리-서비스 독점, 공평함 중요
우월심리-고객의 자존심 인정, 겸손한 자세
모방심리-다른 고객을 닮고 싶은 심리
보상심리- 서비스 기대, 손해보고 싶지 않음
자기본위적 심리-자기위주로 상황판단
존중기대심리- 중요한 사람으로 기억하기를 기대

03 다음 중 고객의 특성으로 옳지 않는 것은?

가. 고객은 일률적이고 고정적이다.
나. 고객은 요구사항이 많고 권리 주장이 강하다.
다. 고객은 친절, 신속, 정확한 서비스를 기대한다.
라. 고객은 자신만을 알아주기를 은근히 바란다.

explanation

고객은 가변적이고 유동적이다.

04 고객에 대한 설명으로 가장 옳지 않는 것은?

가. 고객은 상품과 서비스를 제공받는 사람들이다.
나. 고객은 상품 및 서비스를 구입, 사용하는 사람들이다.
다. 앞으로 상품 및 서비스를 구입, 사용할 가능성이 있는 사람도 고객에 포함된다.
라. 종업원과 거래처는 고객에 속하지 않는다.

explanation

고객은 상품과 서비스를 제공받는 사람들로, 기업의 상품을 습관적으로 구매하는 소비자로부터 기업과 직·간접적으로 거래하고 관계를 맺는 모든 사람들이다.

05 불만족 고객의 초기 대응 자세로 옳지 않은 것은?

가. 고객이 말하는 중간에 틀린 점이 있다면 적극적으로 해명하기
나. 편안하고 개방적인 자세 취하기
다. 고객의 불만에 대한 공감 전달하기
라. 고객과 눈을 마주치고 이야기에 집중한다는 느낌을 갖도록 하기

explanation

고객이 말하는 사항을 끝까지 듣고 해명한다.

06 다음 고객 불만의 발생요인 중 미용실 측의 원인으로 옳지 않은 것은?

가. 접객에 대한 불만　　나. 작업에 대한 불만
다. 시설에 대한 불만　　라. 고객의 변심으로 인한 불만

explanation

접객에 대한 불만(직원의 무성의한 언행, 고객의 요구 거절, 긴 대기시간, 안내 미흡), 작업에 대한 불만(파마, 커트, 컬러링 등에 대한 불만족, 작업가격과 재작업에 대한 불만족), 시설에 대한 불만(냉난방 미비, 주차시설 불편, 휴게시설 및 화장실 불편)은 미용실 측의 원인이고, 고객의 변심으로 인한 불만은 고객 측의 원인이다.

07 불만족 고객의 요구사항 처리로 옳지 않은 것은?

가. 감정과 욕구에 대한 불만은 무조건 금적적 차원으로 보상한다.
나. 불만족 사항을 접수하고 빠른 시간에 처리한다.
다. 서비스에 대한 불만은 금적적 차원으로 보상한다.
라. 고객이 원하는 보상내용 및 범위 등을 정중히 물어 합리적인 보상의 기회를 제공한다.

explanation

고객의 불만족 사항은 모두 다르므로 무조건 금전적 차원에서만 보상하고 하면 안된다.

▌정답

1	2	3	4	5	6	7
라	다	가	라	가	라	가

미용업 홍보관리

CHAPTER 3

1 홍보 관리 계획
2 홍보 관리 실행

CHAPTER 1
홍보 관리 계획

1. 홍보 관리 계획

살롱 홍보관리: 고객 및 대중에게 살롱을 알리기 위해 홈페이지, 블로그 등 SNS 활동 및 살롱 내·외부에 광고 등을 실시하는 마케팅 능력이다.

가. 상권

상권이란 제품이나 서비스를 구매할 가능성이 있는 지역적 범위, 판매자와 수요자의 양방향적 입장에서 자연스럽게 형성된 지리적 범위

1) 거리에 따른 상권분류

(1) 1차 상권: 이용고객 65%를 포함하는 범위로 매장 중심에서 반경 약 700m 이내이다.

(2) 2차 상권: 이용고객 25%를 포함하는 범위로 매장 중심에서 반경 약 1.5km 이내이다.

(3) 3차 상권: 이용고객 5%를 포함하는 범위로 1,2차 상권 이외 고객을 포함하는 지역으로 반경 약 3km 이내이다.

2) 환경에 따른 상권분류

(1) 주거지형 상권

거주 지역에 위치한 생활 밀착형 상권으로 주부 및 가족 단위의 고객을 대상으로 영업이 이루어지는 지역 상권이다.

(2) 도심형 상권

백화점, 쇼핑몰, 극장 등 유동 인구를 대상으로 영업이 이루어지는 상권이며, 소비 성향이 강하고 고객 연령층이 다양한 특성이 있다.

(3) 역세권 상권

지하철역이나 기차역 주변에 형성된 상권으로 유동 인구가 많은 반면 시간에 제한을 받는 고객이 많아 빠른 서비스를 제공받기 원하는 고객이 많은 것이 특징이다.

(4) 오피스 상권

관공서나 사무실이 밀집되어 있는 지역으로 점심 시간과 오후 퇴근 시간에 이용하는 고객이 많고 주말 및 공휴일에는 급격히 감소하는 상권이다.

(5) 대학가 상권

대학이 위치하여 해마다 신규 고객 유입이 보장되어 있으며 고정 고객의 확보도 타 상권에 비해 용이한 반면 비용에 민감한 고객이 많아 서비스의 질과 요금의 균형이 매우 중요한 상권이다. 평일과 주말, 주일의 매출 차이가 크고 방학 기간에는 평일, 주말에 관계없이 매출이 감소하는 상권이다.

(6) 교외 상권

시간적 여유가 생기고 자동차를 보유한 인구의 증가로 지리적 여건과 비용에 둔감한 중장년층을 대상으로 영업하는 상권에서 현재는 특별한 연령층에 구애받지 않는 영업 상권이다.

3) 발전 단계에 따른 상권분류

(1) 성장 단계 상권

지가가 상승 중인 상권으로 신도시 개발 지역 및 새롭게 상권이 형성되어 토지 투기 현상을 보이며 젊고 높은 교육 수준의 주민층이 많은 특징이 있는 상권이다. 부동산중개업소, 인테리어업소, 각종 편의점, 보습 학원들이 주로 분포되어 영업을 하고 있다.

(2) 성숙 단계 상권

개발이 이미 완료되어 부동산 가격이나 기능이 최상의 수준이 상태의 상권으로 대부분의 지역 주민의 사회·경제적 수준도 최상이다. 모든 업종이 골고루 분포되어 있는 것이 특징이기도 하다.

(3) 쇠퇴 단계 상권

대부분의 건물들이 노화되어 지가가 내려가고 주민의 대부분도 빈곤하거나 노령층이 대부분이며 각종 수리점, 노령 인구를 대상으로 한 소매점 등이 자리 잡고 있는 상권이다.

4) 상권 분석

상권의 중요한 핵심은 접근성과 인지성이다.

(1) 접근성: 일반적으로 가까울수록 좋으나 거리가 떨어져 있어도 고객이 방문하기 편리한 곳으로 출퇴근 시 접근이 쉽거나 대중교통의 이용을 위해 터미널역, 정거장 등도 접근성이 좋다.

(2) 인지성: 브랜드 인지도에 의한 구매력과 눈에 잘 띄게 하는 가시성 등에 의해 결정

5) 살롱 상권 분석

(1) 살롱 상권의 특성을 분석

여러 가지 상권 분석 틀을 통해 또는 직접적으로 살롱 상권의 특성을 분석한다.

(가) 인구의 특징을 분석: 살롱 근처의 주거 인구의 특성과 유동 인구의 특성을 분석한다.

(나) 위치의 특징을 분석: 살롱 주변의 주요 기관과 그 기관의 주요 소비자의 특징을 분석한다.

(다) 교통 및 접근성을 분석: 살롱 근처의 주요 대중교통과 그 이용객의 특징을 분석한다.

(라) 경쟁 기업을 분석: 상권 내 경쟁 살롱의 위치와 크기, 직원 수, 영업 현황, 고객 소문 등을 파악하여 경쟁 살롱을 분석한다.

(2) 살롱 특성 분석

살롱의 특성을 분석하여 타 살롱과의 차별성을 찾는다.

(가) 고객특성 분석

- 영업 내용 분석을 통해 살롱 고객의 특성을 분석한다.
  ① 고객 특성 분석: 고객의 연령별 비율, 고객의 남녀 비율 등 고객 인구의 특성을 분석한다.
  ② 살롱 영업 내용 분석: 영업 내용을 분석하여 살롱의 특성을 분석한다.
  ③ 살롱 객단가 특성 분석: 객단가를 계산하여 경쟁 살롱과 비교해 본다.
  ④ 살롱 작업의 비율 특성 분석: 커트, 컬러, 펌 등 살롱 작업의 비율의 특성을 분석한다.

* 객단가 : 미용실에서 일정 기간의 총매출액을 그 기간에 방문할 고객 총수로 나눈 것으로 고객 한 사람이 지불한 평균 금액을 말한다. 객 단가는 미용실이 제공하는 서비스의 품질을 측정할 수 있는 좋은 요소 중에 하나로 고객의 기대에 못 미치는 기술 및 서비스를 제공했을 경우 객 단가 하락 현상이 나타날 수 있다.

(나) 살롱 차별성 분석

신규 고객의 방문 시 이전 방문 살롱에 대한 기대를 조사하여 서비스 제공 시 고려하고, 살롱에서 제공하는 많은 서비스의 항목을 조사하여 타 살롱과 비교분석하며, 종사자들의 특성을 분석하여 살롱에서 제공되는 서비스의 차별성을 분석한다.

6) 살롱마케팅 전략 및 홍보

(1) 마케팅 개념

마케팅이란 환경 변화에 적극적으로 대응하면서 기업이 소비자나 사용자의 욕구를 충족시킬 수 있는 재화와 서비스를 효과적으로 제공하기 위하여 제품 판매 경로, 판매 촉진, 물적 유통 등의 경영활동을 수행하는 행동 또는 시스템을 말한다. 미용서비스업은 고품질의 서비스를 계속적으로 제공하기 위해서는 구성원 모두가 고객 지향적인 서비스 행동을 수행하는 산업이다. 따라서 마케팅 담당자뿐만 아니라 모든 조직원들이 마케팅을 실천하도록 해야 하고 서비스업의 특성을 파악할 필요가 있다.

(2) 살롱 홍보

(가) 살롱 홍보의 개념

홍보란 사실을 기초로 하여 알리고자 하는 제품, 조직 등을 최대한 긍정적으로 확대 재생산하여 알리는 활동을 말한다.

(나) 홍보의 원칙

① 기업의 특징과 장점 파악
② 문제에서 시작
③ 귀를 기울일 수 있는 스토리 필요
④ 홍보 포인트에 대한 선택과 집중
⑤ 다양한 방식 활용

(다) 다양한 홍보 매체의 종류

홍보의 효과를 높이기 위해서는 예산, 메시지 구성 등을 비롯하여 어떤 매체를 이용할 것인지가 매우 중요하다. 매체의 특징을 정확하게 파악하여 진행하는 이벤트나 홍보목적에 따라 효과를 높일 수 있는 매체를 선택하도록 한다.

CHAPTER 1 홍보 관리 계획 예상문제

01 고객 및 대중에게 살롱을 알리기 위해 홈페이지, 블로그 등 SNS 활동 및 살롱 내·외부에 광고 등을 실시하는 마케팅 능력은?

가. 살롱 홍보관리　　나. 상권 분석
다. 마케팅 개념　　라. 살롱 선택

explanation

살롱 홍보관리: 고객 및 대중에게 살롱을 알리기 위해 홈페이지, 블로그 등 SNS 활동 및 살롱 내·외부에 광고 등을 실시하는 마케팅 능력이다.

02 상권 분류방법에 속하지 않은 것은?

가. 거리에 따른 상권분류　　나. 환경에 따른 상권분류
다. 발전 단계에 따른 상권분류　　라. 가격에 따른 상권분류

explanation

상권분류: 거리에 따른 상권분류, 환경에 따른 상권분류, 발전 단계에 따른 상권분류

03 1차 상권에 관해 옳은 설명은?

가. 이용고객 65%를 포함하는 범위로 매장 중심에서 반경 약 700m 이내
나. 매장 중심에서 반경 약 1.5km 이내이다.
다. 매장 중심에서 반경 약 3km 이내이다.
라. 1,2차 상권 고객을 포함하는 지역

explanation

- 2차 상권: 매장 중심에서 반경 약 1.5km 이내이다.
- 3차 상권: 1,2차 상권 이외 고객을 포함하는 지역

04 2차 상권에 관해 옳은 설명은?

가. 이용고객 65%를 포함하는 범위로 매장 중심에서 반경 약 700m 이내
나. 매장 중심에서 반경 약 1.5km 이내이다.
다. 매장 중심에서 반경 약 3km 이내이다.
라. 1,2차 상권 고객을 포함하는 지역

explanation

- 1차 상권: 매장 중심에서 반경 약 700m 이내이다.
- 3차 상권: 1,2차 상권 이외 고객을 포함하는 지역

05 3차 상권에 관해 옳은 설명은?

가. 매장 중심에서 반경 약 700m 이내
나. 매장 중심에서 반경 약 1.5km 이내이다.
다. 매장 중심에서 반경 약 300m 이내이다.
라. 1,2차 상권 이외 고객을 포함하는 지역으로 반경 약 3km 이내이다.

explanation

- 2차 상권: 매장 중심에서 반경 약 1.5km 이내이다.
- 3차 상권: 1,2차 상권 이외 고객을 포함하는 지역

06 거주 지역에 위치한 생활 밀착형 상권으로 주부 및 가족 단위의 고객을 대상으로 영업이 이루어지는 지역 상권은?

가. 역세권 상권　　나. 도심형 상권
다. 주거지형 상권　　라. 오피스 상권

explanation

주거지형 상권: 주 지역에 위치한 생활 밀착형 상권으로 주부 및 가족 단위의 고객을 대상으로 영업이 이루어지는 지역 상권이다.

07 환경에 따른 상권분류 시 백화점, 쇼핑몰, 극장, 유흥업소 등 집객 시설이 많아 유동 인구를 대상으로 영업이 이루어지는 상권은?

가. 역세권 상권　　나. 주거지형 상권
다. 도심형 상권　　라. 대학가 상권

explanation

- 역세권 상권 : 지하철역이나 기차역 주변에 형성된 상권으로 유동 인구가 많은 반면 시간에 제한을 받는 고객이 많아 빠른 서비스를 제공받기 원하는 고객이 많은 것
- 주거지형 상권 : 가족 단위의 고객을 대상으로 영업이 이루어지는 지역 상권
- 대학가 상권 : 주변에 대학이 위치하여 해마다 신규 고객 유입이 보장되어 있는 상권

08 환경에 따른 상권 중 비용에 민감한 고객이 많아 서비스의 질과 요금의 균형이 매우 중요한 상권은?

가. 역세권 상권　　나. 오피스 상권
다. 교외 상권　　라. 대학가 상권

explanation

- 오피스 상권 : 주위에 관공서나 사무실이 밀집되어 있어 점심시간과 오후 퇴근 시간에 이용하는 고객이 많고 주말 및 공휴일에는 급격히 감소하는 상권
- 교외상권 : 주 5일 근무로 인해 시간적 여유가 생기고 자동차를 보유한 인구의 증가로 지리적 여건과 비용에 둔감한 중장년층을 대상으로 영업하는 상권

09 지하철역이나 기차역 주변에 형성된 상권으로 유동 인구가 많은 반면 시간에 제한을 받는 고객이 많아 빠른 서비스를 제공받기 원하는 고객이 많은 것이 특징인 상권은?

가. 역세권 상권　　나. 주거지형 상권
다. 도심형 상권　　라. 대학가 상권

explanation

- 역세권 상권 : 지하철역이나 기차역 주변에 형성된 상권으로 유동 인구가 많은 반면 시간에 제한을 받는 고객이 많아 빠른 서비스를 제공받기 원하는 고객이 많은 것
- 주거지형 상권 : 가족 단위의 고객을 대상으로 영업이 이루어지는 지역 상권
- 대학가 상권 : 주변에 대학이 위치하여 해마다 신규 고객 유입이 보장되어 있는 상권

10 관공서나 사무실이 밀집되어 있는 지역으로 점심시간과 오후 퇴근 시간에 이용하는 고객이 많고 주말 및 공휴일에는 급격히 감소하는 상권은?

가. 역세권 상권　　나. 오피스 상권
다. 교외 상권　　라. 대학가 상권

explanation

- 오피스 상권 : 주위에 관공서나 사무실이 밀집되어 있어 점심시간과 오후 퇴근 시간에 이용하는 고객이 많고 주말 및 공휴일에는 급격히 감소하는 상권
- 교외상권 : 주 5일 근무로 인해 시간적 여유가 생기고 자동차를 보유한 인구의 증가로 지리적 여건과 비용에 둔감한 중장년층을 대상으로 영업하는 상권

11 지가가 상승 중인 상권으로 신도시 개발 지역 및 새롭게 상권이 형성되어 토지 투기 현상을 보이며 젊고 높은 교육 수준의 주민층이 많은 특징이 있는 상권은?

가. 성장단계 상권　　나. 성숙단계 상권
다. 쇠퇴단계 상권

explanation

- 성숙 단계 상권 : 개발이 이미 완료되어 부동산 가격이나 기능이 최상의 수준이 상태의 상권
- 쇠퇴 단계 상권 : 대부분의 건물들이 노화되어 지가가 내려가고 주민의 대부분드 빈곤하거나 노령층이 대부분

12 지역 주민의 사회·경제적 수준이 최상인 상권은?

가. 성장단계 상권　　나. 성숙단계 상권
다. 쇠퇴단계 상권

explanation

- 성장 단계 상권 : 부동산중개업소, 인테리어업소, 각종 편의점, 보습 학원들이 주로 분포되어 영업
- 쇠퇴 단계 상권 : 수리점, 노령 인구를 대상으로 한 소매점 등이 자리 잡고 있는 상권

13 살롱 상권 특성 분석으로 옳은 것은?

가. 인구특징 분석　　나. 살롱 객 단가 특성 분석
다. 살롱 영업 내용 분석　　라. 살롱 작업의 비율 특성 분석

explanation

미용실 상권 분석: 인구의 특징을 분석한다, 위치의 특징을 분석한다, 교통 및 접근성을 분석한다. 경쟁 기업을 분석한다, 그 밖에 중요한 상권의 특징을 분석한다.

14 대부분의 건물들이 노화되어 지가가 내려가고 주민의 대부분도 빈곤하거나 노령층이 대부분이며 각종 수리점, 노령 인구를 대상으로 한 소매점 등이 자리 잡고 있는 상권은?

가. 성장단계 상권　　나. 성숙단계 상권
다. 쇠퇴단계 상권

explanation

- 성장 단계 상권 : 부동산중개업소, 인테리어업소, 각종 편의점, 보습 학원들이 주로 분포되어 영업
- 쇠퇴 단계 상권 : 수리점, 노령 인구를 대상으로 한 소매점 등이 자리 잡고 있는 상권

15 상권의 중요한 핵심은?

가. 접근성과 인지성　　　　나. 고객과 가격
다. 거리와 환경

explanation

상권의 중요한 핵심은 접근성과 인지성이다.

16 살롱 특성 분석으로 옳은 것은 ?

가. 위치특징분석　　　　나. 교통 및 접근성분석
다. 고객특성분석

explanation

살롱 특성 분석- 고객특성 분석, 살롱 차별성 분석

17 사실을 기초로 하여 알리고자 하는 제품, 조직 등을 최대한 긍정적으로 확대 재생산하여 알리는 활동은 ?

가. 기획　　나. 홍보　　다. 구성요소　　라. 마케팅

explanation

홍보란 사실에 기초하여 알리고자 하는 제품, 조직 등을 최대한 긍정적으로 확대 재생산하여 알리는 활동을 말한다.

18 홍보의 원칙에 속하지 않는 것은 ?

가. 귀를 기울일 수 있는 스토리 필요
나. 홍보 포인트에 대한 선택과 집중
다. 장점이 아니라 문제에서 시작
라. 기업의 특징과 단점 파악

explanation

홍보의 원칙 : 기업의 특징과 장점파악

19 시간적 여유가 생기고 자동차를 보유한 인구의 증가로 지리적 여건과 비용에 둔감한 중장년층을 대상으로 영업하는 상권에서 현재는 특별한 연령층에 구애받지 않는 영업 상권은 ?

가. 역세권 상권　　　　나. 교외 상권
다. 대학가 상권　　　　라. 오피스 상권

explanation

교외 상권: 시간적 여유가 생기고 자동차를 보유한 인구의 증가로 지리적 여건과 비용에 둔감한 중장년층을 대상으로 영업하는 상권에서 현재는 특별한 연령층에 구애받지 않는 영업 상권이다.

20 미용실에서 일정 기간의 총매출액을 그 기간에 방문할 고객 총수로 나눈 것으로 고객 한 사람이 지불한 평균 금액을 말하는 것은 ?

가. 객단가 나. 설문조사
다. 재품판매율 라. 홍보

explanation

객단가 : 미용실에서 일정 기간의 총매출액을 그 기간에 방문할 고객 총수로 나눈 것으로 고객 한 사람이 지불한 평균 금액을 말한다. 객 단가는 미용실이 제공하는 서비스의 품질을 측정할 수 있는 좋은 요소 중에 하나로 고객의 기대에 못 미치는 기술 및 서비스를 제공했을 경우 객 단가 하락 현상이 나타날 수 있다

21 제품이나 서비스를 구매할 가능성이 있는 지역적 범위, 판매자와 수요자의 양 방향적 입장에서 자연스럽게 형성된 지리적 범위는 ?

가. 상권 나. 홍보
다. 지역 라. 홍보

explanation

상권이란 제품이나 서비스를 구매할 가능성이 있는 지역적 범위, 판매자와 수요자의 양 방향적 입장에서 자연스럽게 형성된 지리적 범위

▌정답

1	2	3	4	5	6	7	8	9	10
가	라	가	나	라	다	다	라	가	나
11	12	13	14	15	16	17	18	19	20
가	나	가	다	가	다	나	라	가	가
21									
가									

CHAPTER 2
홍보 관리 실행

1. 홍보 관리 실행

가. 미용업 광고 홍보 전략

홍보의 최종 목표는 고객이 살롱을 방문하여 서비스를 받도록 하는 것이므로 고객과의 접점이 가능한 매체를 최대한 활용하여 살롱 내에서 이루어지고 있는 다양한 서비스 및 이벤트를 알리는 것이 중요

1) POP 전략

POP(Point Of Purchase)는 고객의 구매 의욕을 자극한다거나 시스템의 구성, 가격, 헤어살롱 소개 등 다양한 정보를 고객에게 전달하여 구매를 촉진하는 효과가 있다.

2) 전단광고

(1) 전단광고 특성- 비교적 쉽게 사용, 배포에 낭비가 적다, 제한이 없다, 신속성과 친밀성

(2) 전단광고 기획- 차별화, 유익한 정보, 판매촉진 자극

(3) 전단배포 방법- SNS 매체활용, 살롱에서 고객에게 전달, 거리에서 배포하는 방법(신규개업,이벤트 행사)

3) 직접우편(Direct Mail) 광고

카달로그, 브로슈어, 브로사이드, 서큘러, 소책자, 우편엽서, 편지 등

나. 살롱 영업 촉진 전략

영업을 촉진시키는 전략은 프로모션, 이벤트 등 목적이나 방법에 따라 다양하게 불린다. 영업 매출을 극대화시키려는 목적으로 실행하며, 외부 고객을 대상으로 하는 경우에는 신규 고객 유치, 고객 증가, 브랜드 정착, 객단가를 높이기 위한 전략을 실행하고 있다.

1) 프로모션을 알리는 POP 제작

다양한 이벤트를 기획하여 성공적으로 실행하기 위해서는 고객에게 알리는 것이 중요하다. SNS, 입소문 등 다양한 통로를 통해 고객에게 알리는 것과 동시에 살롱을 방문한 고객, 살롱 동행 고객, 살롱 주변 사람들에게 자연스럽게 알리는 방법 중에 POP를 제작한 후 부착하여 알리는 것도 한 가지 방법이다.

CHAPTER 2 홍보 관리 실행 예상문제

01 전단광고의 특성은?

가. 비교적 쉽게 사용
나. 느리다
다. 제한이 많다
라. 배포에 낭비가 많다

explanation

전단광고 특성: 비교적 쉽게 사용, 배포에 낭비가 적다, 제한이 없다, 신속성과 친밀성

02 POP(Point Of Purchase)는?

가. 고객의 구매의욕을 자극한다거나 시스템의 구성, 가격, 헤어살롱 소개 등 다양한 정보를 고객에게 전달하여 구매를 촉진하는 효과가 있다.
나. 비교적 쉽게 사용, 배포에 낭비가 적다.
다. 제한이 없다, 신속성과 친밀성
라. 고객과 1:1 면담 형식으로 진행된다.

explanation

POP(Point Of Purchase)는 고객의 구매의욕을 자극한다거나 시스템의 구성, 가격, 헤어살롱 소개 등 다양한 정보를 고객에게 전달하여 구매를 촉진하는 효과가 있다.

03 전단배포 방법으로 옳은 것은?

가. 우편
나. 거리에서 배포하는 방법(신규개업, 이벤트 행사)
다. 전화
라. 팩스

explanation

전단배포 방법- SNS활용, 살롱에서 고객에게 전달, 거리에서 배포하는 방법(신규개업,이벤트 행사)

04 직접우편(Direct Mail) 광고는?

가. 우편엽서, 편지
나. 설문조사
다. 블로그
라. SNS

explanation

직접우편(Direct Mail)광고: 카달로그, 브로슈어, 브로사이드, 서큘러, 소책자, 우편엽서, 편지 등

05 영업 매출을 극대화시키려는 목적으로 실행하며, 외부 고객을 대상으로 하는 경우에는 신규 고객 유치, 고객 증가, 브랜드 정착, 객 단가를 높이기 위한 전략은?

가. 살롱 영업 촉진 전략
나. 살롱 상권분석 전략
다. 살롱 홍보활동 전략
라. 살롱 상권특성

explanation

영업을 촉진시키는 전략은 프로모션, 이벤트 등 목적이나 방법에 따라 다양하게 불린다. 영업 매출을 극대화시키려는 목적으로 실행하며, 외부 고객을 대상으로 하는 경우에는 신규 고객 유치, 고객 증가, 브랜드 정착, 객 단가를 높이기 위한 전략을 실행하고 있다.

▮ 정답

1	2	3	4	5
가	가	나	가	가

미용업 재고관리

CHAPTER 4

CHAPTER 1
재고 관리 계획

1. 재고 관리 계획

재고(inventory)란 필요할 때에 신속하게 수요에 응하고 미용실에 지장이 없는 서비스를 제공하기 위해 관리하는 여러 가지 경제적 가치를 지닌 재화의 공급을 말한다. 예를 들어 작업과 판매에 필요한 제품, 서비스에 필요한 음료를 포함하는 소모품, 시설품, 직원들의 사무와 편의를 위해 필요한 제품 등이 있다.

재고 관리란 매일 또는 주기적으로 재고 물품을 파악하여 미래의 수요, 공급에 대처해 나가는 관리 기법으로 효율적인 보관과 원활한 공급이 이루어지도록 하는 종합적인 관리 활동이다. 재고 관리를 통하여 미용실에서 고객에게 이루어지는 모든 활동에 부족함이 없도록 준비하는 것과 계획성있는 재고 관리를 통해 적정 수량을 유지하여 비용을 최소화하는 것이 가장 큰 목적이다.

계획적인 재고 관리를 통해 누적 데이터가 1년이 쌓이면, 미용실 내에 필요한 물품과 필요 없는 물품을 선별 할 수가 있다. 또한 사용량이 많은 물품을 연구하면 고객이 선호하는 것을 파악 할 수 있으며, 추후 행사 진행에도 영향을 주어 매출 향상에까지 기여가 가능하다.

가. 재고 관리 구매

재고 관리 구매란 필요한 물품을 구입하는 활동으로 최소의 비용을 들여 원가를 절감하는 경우와 적정한 품질의 확보도 고려해야 한다.

구매 가격은 합리적으로 정하지만, 사회적 통념상 구매자는 조금이라도 싸게 사고 판매자는 비싸게 팔아서 이익을 많이 남기겠다는 마음이 드는 것은 부정할 수 없는 사실이다. 그렇기 때문에 적정한 표준을 설정하여 풍부한 자료를 갖추고 가능한 한 과학적이며 합리적인 단가를 설정하는 것이 중요하다.

적정한 품질이란 특정한 제품이나 자재, 서비스가 지니고 있는 품질, 특질의 총계 또는 통칭으로 표시하며 이를 측정 가능하게 규정할 수 있어야 한다. 물품을 구매할 때 품질과 관련되는 것으로써 상표, 시장 등급, 견본, 규격서 등을 고려해야 한다.

필요한 사양을 명시한 것을 규격서(사양서)라고 하며, 규격서는 구매 요원에 의해서 작성되는 경우도 있고 기술부서나 관리부서의 요원에 의해서 작성되기도 한다. 그 밖에도 구매 관리에서는 구매의 양, 물품의 보유 기간, 구매 방식 등을 고려하여 종합적인 관리를 해야 한다.

나. 전문 제품의 구매량 결정

1) 구매 방식 결정

구매 방식 결정은 구매할 물품이 어느 정도인지를 결정하는 것으로서 여러 기법들이 있는데, 주로 정성적 구매 방식과 정량 구매 방식, 정기 구매 방식으로 나눈다.

정성적 구매는 사람의 주관적 판단으로 이루어지는 것으로서 전문성이 확보된 전문가가 예측하여 사용한다. 판매량이 소형인 업체, 사용량이 적은 업체의 경우 필요할 때 필요한 만큼 구매하는 방식으로 사용하고 있으며, 이는 오래전부터 미용실에서도 사용하던 방식이다.

정량 구매 방식은 과거의 데이터를 근거로 구매량을 예측하는 방식으로 많은 산업 분야에서 사용하고 있다. 과거에 축적한 데이터를 바탕으로 일정 시점에서 발주일과 수량을 결정하고 자동으로 관리한다. 대형 프랜차이즈 미용실에서는 정량 구매 방식을 사용하기도 한다.

정기 구매 방식은 주문 시기를 결정해 놓고서 필요 물품을 구매하는 방식이다.

오늘날 재고 관리는 경제적 측면에서 중요하기에 구매량의 결정은 정량화가 가능한 정량 구매 방식과 정기 구매 방식을 사용한다.

2) 구매량 결정

구매 방식 선택 후 구매량 결정 구매량의 산정에서 안전 재고와 리드 타임이 고려되어야 한다.

물품이 없어서 서비스나 판매 기회를 잃으면 운영 수익에 영향이 있으므로 품절로 인한 손해가 없도록 안전 재고 확보와 물품 공급이 지속적으로 이루어지도록 한다.

특성상 제품의 수가 너무 많은데 보관 장소가 협소하거나 관리 문제 등으로 모든 제품에 안전 재고 유지가 어려운 상황일 때는 우선순위로 안전 재고를 유지해야 한다.

리드 타임(lead time)이란 구매에서 입고까지 소요 기간으로 리드 타임을 결정 주문하는 데 필요한 시간, 주문처에서 입고되기까지의 시간, 입고 확인시간을 고려하여 재고 관리 시간을 단축시켜야 한다.

3) 종합 구매량 산정식

(1) 제품 최저 재고량 = 안전 재고량 + (1일 평균 매상고+매입 기간)
(2) 정량 발주 방식 구매량 = 리드 타임 중의 평균 수요 + 안전 재고
(3) 정기 발주 방식 구매량 = (발주 간격 + 조달 기간) 평균 소비량 - 현재 재고+ 안전 재고

다. 경제적 구매량(EOQ: Economic Order Quantity)

경제적 구매량이란 물품을 구매 시 단가뿐만 아니라 단가 할인, 물류비용 절약, 계약 조건, 연간 청구비 및 보관비 등을 고려하여 손.익액이 같이 성립될 때 구매량을 결정하는 것이다. 주문 비용과 총재고 비용을 최소주문 구매하는 수량을 경제적 구매량이라고 한다. 이 경제적 구매량이 최종 구매량이 된다.

제품, 소모품, 시설물 리스트 명세표, 재고 현황표, 재고 관리의 기준에 의해 구매량 결정이 이루어지고, 구매할 시기를 정하고, 물품 명세서와 재고량으로 구매 계획과 실행이 이루어진다.

재고관리는 컴퓨터 프로그램으로 개발되어 있으며, 사업장이나 현장에서의 활용이 일반화되고 있다.

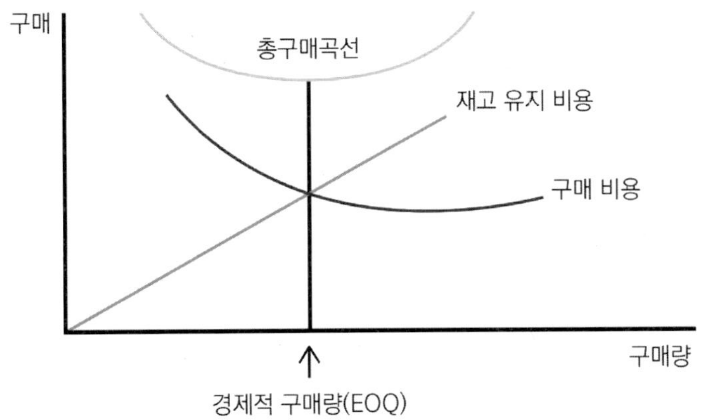

라. 보관과 공급

견적과 가격 절충 거래처와 가격이 결정되면 주문을 하고 납품을 받는다. 납품 시에 불량품 발생, 물품 납부일의 변경 등 공급에서 발생할 수 있는 문제를 사전, 사후 해결하고 안정적으로 제품을 공급 받도록 한다. 총 재고 비용구매 비용, 주문 발주 조달 비용, 재고관리 비용, 품절 비용을 합하여 총재고 비용 최소화를 목표로 한다.

1) 입, 출고 제품의 수량, 종류와 동일 상품인지를 정확히 확인한다.
2) 주문과 다르게 물품이 입고 시 즉시 담당자와 물품회사와 확인 후 교환 신청한다.
3) 물품의 유통기한 경과 시 재고담당자와 확인 후 즉시 폐기처분한다.

CHAPTER 1 재고 관리 계획 예상문제

01 재고 관리에 대한 설명으로 옳지 않은 것은?

가. 가장 경제적으로 구매하고, 제품이 없어서 서비스를 못하는 상황에 이르지 않게 제품을 준비하는 것
나. 관리 비용을 최소화하기 위해 효율적인 보관과 원활한 공급이 이루어지도록 하는 종합적인 관리 활동
다. 미래의 수요에 대비 미용실에서 사용하는 물품을 비축하는 것
라. 재고 관리는 제품이 입고되는 시기에 정확하게 입고와 출고를 산출 하여 관리 하는 것

explanation

재고 관리는 매일 또는 주기적으로 재고 물품을 파악 해야한다.

02 재고 관리에서 구매에 대한 설명으로 옳지 않은 것은?

가. 필요한 물품을 구입하는 활동
나. 적절한 비용을 들여 원가를 절감하는 것 적정한 품질 확보
다. 구매 가격은 적정한 표준을 설정하여 풍부한 자료를 갖추고 과학적이며 합리적인 단가를 설정 하는 것이 중요 하다.
라. 구매의 양, 물품의 보유 기간, 구매 방식 등을 고려하여 종합적인 관리

explanation

구매는 최소한의 비용을 들여 원가를 절감하고 적정한 품질을 확보 하는 것을 고려 해야한다.

03 구매 방식과 설명이 옳지 않은 것은?

가. 정성적 구매 : 주관적 판단으로 예측 하여 구매량 측정
나. 정량적 구매 : 과거 데이터를 근거로 구매량 측정
다. 정기 구매 : 주문 시기를 결정 하고 필요 물품 구매
라. 정기 구매 : 안전 재고량 이하로 떨어 질 시에 필요 물품 구매

explanation

정기 구매 방식은 주문시기를 결정해 놓고서 필요 물품을 구매하는 방식이다.

04 구매량 결정 중 다음 [보기]의 설명으로 옳은 것은?

> 물품이 발주되고 납품되어 사용할 수 있도록 될 때까지의 기간. 일반적으로 어떤 상품을 구매 하면서부터 물품이 입고 완료되기까지 소요되는 전체적인 시간을 의미한다.

가. Lead time　　나. Tact time
다. Arrival time　　라. Delivery time

explanation

구매에서 입고까지 소요되는 기간을 Lead time이라고 한다.

05 구매량 산정식의 설명이 옳지 않은 것은?

가. 제품 최저 재고량 = 안전 재고량 + (1일 평균 매상고+매입 기간)
나. 정량 발주 방식 구매량 = 리드 타임 중의 평균수요 + 현재 재고
다. 정량 발주 방식 구매량 = 리드 타임 중의 평균수요 + 안전 재고
라. 정기 발주 방식 구매량 = (발주 간격 + 조달 기간) 평균 소비량 - 현재 재고+ 안전 재고

explanation

정량 발주 방식 구매량의 산출법은 리드 타임 중의 평균 수요와 안전재고량을 합한 값이다.

06 다음 [보기]의 설명으로 옳은 것은?

> 물품을 구매할 때에 경제적 청구량에 더하여 단가 할인, 수송비용 절약, 부대 계약 조건, 연간 청구비, 보관비 등을 고려하여 손실액과 이득액이 같은 상태가 성립 할 때에 구매량을 결정하게 된다. 이처럼 주문 비용과 총재고 비용을 최소주문 구매하는 수량을 말한다.

가. 상대적 구매량　　나. 합리적 구매량
다. 경제적 구매량　　라. 경제적 청구량

explanation

경제적 구매량 (EOQ : Economic Order Quantity)

07 경제적 구매량의 고려 사항으로 옳지 않은 것은?

가. 물품 단가　　나. 단가 할인
다. 물류비용 절약　　라. 직원 급여

explanation

경재적 구매량의 고려 사항은 단가, 단가 할인, 물류비용 절약, 계약조건, 연간 청구비 보관비 등이 있다.

08 보관과 공급에 대한 설명으로 옳지 않은 것은?

가. 견적과 가격 절충 후 거래처와 가격이 결정 되는 과정을 문서화한다.
나. 입, 출고 제품의 수량, 종류와 동일 상품인지를 정확히 확인한다.
다. 주문과 다르게 물품이 입고 시 담당자와 물품회사와 확인 후 교환 신청한다.
라. 물품의 유통기한 경과 시 재고담당자와 확인 후 즉시 폐기처분한다.

explanation

견적과 가격 절충 후 거래처와 가격이 결정되면 주문을 하고 납품을 받는다.

▮ 정답

1	2	3	4	5	6	7	8
라	나	라	가	나	다	라	가

CHAPTER 2
소모품의 입 · 출고 확인

1. 소모품의 입·출고 확인

가. 제품 및 비품의 필요량 결정

소모품은 접객, 직원, 미용실 환경 유지에 필요한 소모품 등으로 분류한다.

1) 부가적으로 필요한 소모품 : 상비약, 쇼핑백
2) 접객에 필요한 소모품 : 잡지, 신문, 음료, 음료 잔, 다과, 미용 휴지, 샘플
3) 사무에 관련되어 필요한 소모품 : 사무용품
4) 환경 유지에 필요한 소모품 : 청소 도구, 액자, 화분, POP

나. 입고 확인

점판 제품, 공동사용제품, 직원구매 제품 등으로 분류한 관리 리스트에 입고를 확인, 제품과 첨부된 세금 계산서나 거래 명세표를 확인한다.

1) 입고 확인 후 관리 리스트에 기입

- 구매물건 도착 후 주문한 물건, 수량 동일한지 검수 후 제품 관리 리스트에 종류, 수량기록, 제품 관리자에게 정상 입고 보고한다.

2) 입고 확인 후 지정된 곳에 보관

- 검수가 끝난 제품은 각각 지정된 곳에 보관한다.

다. 출고 확인

공동사용제품, 점판 제품, 구매 제품, 소모품 등으로 분류한 관리 리스트에 출고 확인한다. 모든 제품은 개봉과 동시에 출고로 분류한다.

1) 공동사용 제품 출고 확인

① 공동사용 제품은 각 제품의 일정기간 사용량 반드시 파악
② 사용한 용기와 회수된 용기의 양을 매일 확인(예1개월 샴푸(500리터) 2개 사용 총 1,000리터 사용).

2) 점판 제품 출고 확인

- 고객 구매 시 출고 확인되므로 출고 즉시 관리 리스트에 기록하거나 그날 영업이 끝나면 기록한다.

3) 직원들이 개인적으로 사용 제품 출고 확인

- 입·출고 관리대장 별도 관리

4) 소모품 출고 확인

- 입·출고 관리대장 별도 관리

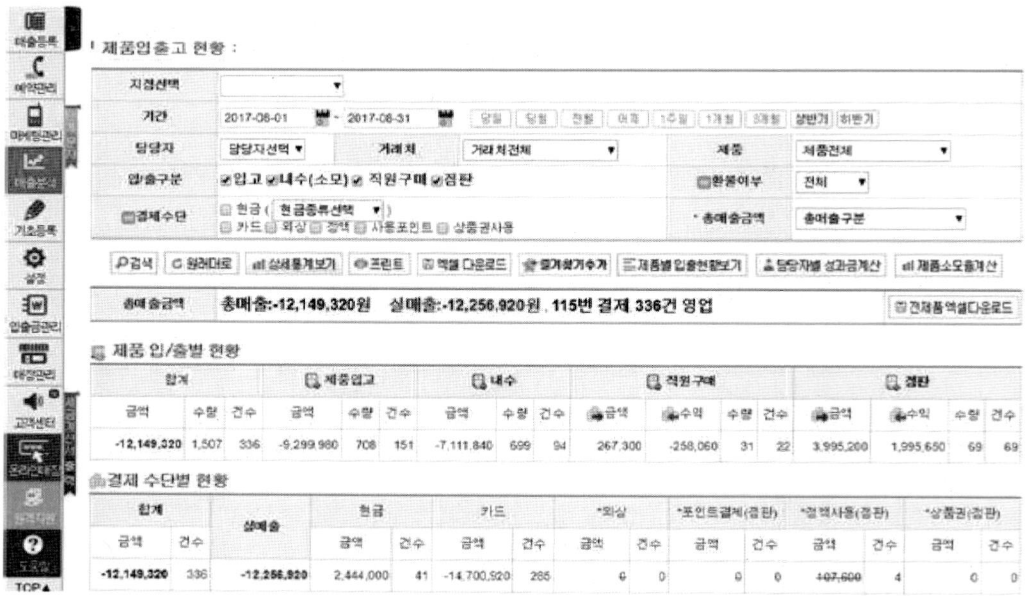

출처: www.handsos.com

거 래 명 세 서

구분	항목	내용	항목	내용	구분	항목	내용	항목	내용
공급자	등록번호	000 - 00 - 00000			공급받는자	등록번호			
	상 호	(주) O O O	성명	O O O		상 호		성명	
	주 소	XXX XXX XXX				주 소			
	업 태	도, 소매	종목	가방,무역		업 태		종목	
	전 화	010-XXX-XXX	FAX	XX-XXX-XXX		전 화		FAX	

합계금액 : 구만구천원 (₩99,000)

NO	품 명	규격	단위	수 량	단 가	공급가액	VAT	비고
1	업스티일	22"	EA	1	99,000	99,000	포함	
2			이	하	여	백		
3								

2017년 월 일 위와 같이 견적을 올립니다.

CHAPTER 2 소모품의 입·출고 확인 예상문제

01 소모품의 물품 관리 방법으로 옳지 않은 것은?

가. 내부적 규정에 의해 관리한다.
나. 관리 규정에는 소모품의 목적, 적용범위 및 적정 사용량, 책임 관리자의 임무를 포함한 관리 규정 일체를 포함한다.
다. 구성원들은 각기 소모품마다 적절한 사용량을 미리 알고 있어야 한다.
라. 소모품은 한번 사용하면 닳아 없어지거나 못쓰게 되는 물품으로 사용 즉시 출고로 분류되기 때문에 최소한의 양을 사용 하는 것이 우선이다.

explanation

내부적 규정에 의해서 관리가 필요 하며, 관리 규정에는 소모품의 목적과 적용 범위, 책임 관리자의 임무, 인수 인계시의 규정 ,재고를 포함한 관리 규정 일체를 포함한다.

02 소모품의 분류가 옳지 않은 것은?

가. 부가적으로 필요한 소모품 : 점판용 샘플
나. 접객에 필요한 소모품 : 잡지, 신문, 음료, 음료 잔, 다과, 미용 휴지, 샘플
다. 사무에 관련되어 필요한 소모품 : 사무용품
라. 환경 유지에 필요한 소모품 : 청소 도구, 액자, 화분, POP

explanation

소모품은 접객, 직원, 미용실 환경 유지에 필요한 것이다. 부가적으로 필요한 소모픔의 예는 상비약과 쇼핑백 등이 있다.

03 입고 확인에 대한 설명으로 옳지 않은 것은?

가. 구매 물건 도착 후 주문한 물건과 수량이 동일한지 검수하는 것은 담당자만 할 수 있다.
나. 입고 확인 시에는 거래명세표에서 물건 명, 수량, 용량을 중심으로 살핀다.
다. 입고 확인 후 검수가 끝난 제품은 각각 지정된 곳에 보관한다.
라. 주문한 내역과 입고된 물건의 확인은 세금계산서나 거래명세표를 통한다.

explanation

구매 물건 도착 후 주문한 물건, 수량이 동일한지 검수한 후 제품 관리자에게 보고한다.

04 출고 확인에 대한 설명으로 옳지 않은 것은?

가. 공동 사용 제품은 각 제품의 일정 기간 사용량을 반드시 파악한다.
나. 모든 제품은 개봉과 동시에 출고로 분류한다.
다. 직원들이 개인적으로 사용하는 제품의 출고 확인은 공용으로 하지 않는다.
라. 소모품 입.출고 관리 대장을 별도로 관리한다.

explanation

직원들이 개인적으로 사용하는 제품의 출고 확인도 입. 출고 관리대장으로 별도 관리한다.

정답

1	2	3	4
라	가	가	다

CHAPTER 3
재고 확인 후 물품 주문

1. 재고 확인 후 물품 주문

가. 안전 재고량 결정

공동사용제품, 점판 제품, 직원사용 제품, 소모품으로 분류된 제품 안전 재고량 결정

1) 공동사용 제품의 안전 재고량 결정

일정 기간의 공동사용 수와 직원 현황, 제품주문 횟수 등을 정한다.

예) 월 2회 여유 재고 수량 등을 고려하여 안전 재고량을 정한다.

예) 지난 3개월간 월 평균 염모제 35g짜리 200개 사용 시 여유 재고량은 추가 10%이며, 신규 입사한 직원이 없으면 200+(200×10%), 220개가 안전재고량

2) 점판 제품의 안전 재고량 결정

일정 기간 내에 판매된 제품의 수량과 여유 재고 수량을 고려하여 안전 재고량을 정한다.

3) 소모품 안전 재고량 결정

나. 재고 수량 점검

제품 리스트에 분류된 제품들을 특정한 날짜를 정하여 정기적으로 수량과 상태 점검한다. 파악은 일주일에 하루 이상 필요 하며 고객 방문이 많은 날의 다음인 일요일 오후나 월요일이 적합하다.

1) 재고 수량 파악

분류된 제품 리스트를 근거로 입·출고를 확인한 상태에 따라 제품의 수량 파악

2) 유통 기한 확인

제품의 유통 기한을 확인하여 임박한 상품에 대한 대책 필요

3) 재고 수량 보고

재고 리스트의 재고량과 실제 파악한 재고량 담당자에 보고

4) 대책 마련

서류상 재고 수량과 실제의 재고 수량에 차이가 생기는 경우 대비 대책을 마련

다. 부족한 제품 주문 · 구매

1) 제품 주문 준비

분류된 제품별로 파악된 재고 수량과 회사에서 정한 안전 재고 수량을 비교하고, 각 제품을 제품 회사별로 분류 제품 회사별 제품 주문서 준비한다.

2) 제품 주문

제품 주문서를 정해진 연락 방법을 통해 제품 회사에 전달 확인, 팩스나 이메일 등 전달 여부 확인한다. 주문의 시기는 상시로는 월요일 주문이며 일주일 사용 분량에 대한 주문이다. 목요일 주문은 주말을 대비하여 부족한 수량에 대한 주문이다.

3) 제품 거래처 목록작성

제품 거래처 목록 작성관리 각 거래처별 관리자 이름, 전화 번호, 이메일 주소 등 거래에 필요한 정보를 작성하고 관리한다. 모든 거래 명세서와 영수증은 업체별, 월별로 5년간 보관한다.

라. 안전 재고량 조정

1) 제품의 유통 기한 확인·관리
2) 시장의 변화에 따른 제품 유통 기한 확인·관리
3) 직원 수의 변화에 따른 제품 소요량 변화 확인
4) 반품 처리 제품을 확인 반품 환불 처리
  - 입고 오류가 있는 제품
    ① 잘못 입고된 제품 리스트 보고
      주문과 다른 제품이 배달된 경우 주문서 확인 후 담당자나 제품 회사에 보고

② 반품·교환 확인

제품 결재일에 제품 회사로부터 온 거래 명세표 반품 확인

- 적정 재고량을 잘못 예측 너무 많은 재고품 반품·교환

① 반품·교환 리스트 작성

② 제품업체별 연락

③ 반품·교환 확인

CHAPTER 3 재고 확인 후 물품 주문 예상문제

01 안전 재고량 조정 시 고려 조건으로 옳지 않은 것은?

가. 제품의 유통 기한 확인 및 관리
나. 시장의 변화에 따른 제품 유통 기한 확인 및 관리
다. 매장의 손익과 재무적 상황
라. 직원 수이 변화에 따른 제품 소요량 변화 확인

explanation

정해진 안전 재고량은 일정 기간 후에 재조정이 필요 하며 직원의 입.퇴사와 미용실의 특별 행사 등을 고려하여 재고량을 조정한다.

02 재고 수량 점검의 프로세스로 옳은 것은?

가. 재고 수량 파악 - 재고 수량 보고 - 대책 마련
나. 안전 재고량 결정 - 재고 수량 파악 - 대책 마련
다. 안전 재고량 결정 - 대책 마련 - 재고 수량 파악
라. 재고 수량 파악 - 대책 마련 - 재고 수량 보고

explanation

안전 재고량 결정은 재고수량 점검 이전에 결정 되어야 하는 사항이다.

03 부족한 제품 주문 및 구매에 대한 설명으로 옳은 것은?

가. 제품 주문은 구두 상으로 하더라도 정해진 연락 방법인 팩스, 이메일 등으로 다시 한번 전달한다.
나. 제품 거래처 목록 작성 관리 시에는 거래처별 담당자의 개연 연락처는 개인정보 보호법에 의해 보호를 받기에 회사 전화 번호 기입을 원칙으로 한다.
다. 제품 주문은 정해진 특정한 날짜 외에는 주문이 불가능하기에 대체품을 이용한다.
라. 현재 재고 수량과 예상사용 수량을 비교하여 각 제품을 제품 회사별로 주문을 실시한다.

explanation

제품 주문은 특정 날짜가 있더라도 추가 주문이 가능 하며, 현재 재고 수량과 안전 저고수량을 비교한다.

04 재고 확인 및 물품 주문에 대한 내용으로 옳지 않은 것은?

가. 공동사용제품, 점판 제품, 직원 사용 제품, 소모품으로 분류된 제품의 안전 재고량을 결정하는 것이다.
나. 재고 수량 점검은 제품 리스트에 분류된 제품들을 특정 날짜를 정하여 정기적으로 수량과 상태를 점검 하는 것을 말한다.
다. 재고 수량 파악은 거래명세표를 근거로 입.출고를 확인한 상태에서 수량 파악을 한다.
라. 재고 수량 점검은 재고 수량 파악 - 재고 수량 보고 - 대책 마련의 프로세스를 갖는다.

explanation

재고 수량 파악은 제품 리스트를 근거로 입·출고를 확인한 상태에서 수량 파악을 하는 것이다.

05 반품 처리의 대상으로 옳지 않은 것은?

가. 주문과 다른 제품이 입고된 경우
나. 유통기한 임박 제품이 입고된 경우
다. 주문 제품 수량보다 초과 입고된 경우
라. 현재 매장에 사용 중이지 않은 테스트 제품

explanation

현재 매장에 사용 중이지 않은 테스트 제품의 제공은 테스트 후 추가 주문을 기대하는 제품 회사의 업체 관리이다.

06 안전 재고량 조정 시 고려해야할 조건으로 옳지 않은 것은?

가. 직원 입사 및 퇴사
나. 경쟁 미용실 행사
다. 미용실 특별 행사
라. 전년도 안전 재고량 비교

explanation

경쟁 미용실 행사는 직접적인 고려 대상이 아니다.

▮ 정답

1	2	3	4	5	6
다	가	가	다	라	나

CHAPTER 4
재고 관리 실행

1. 재고 관리 실행

가. ERP(Enterprise Resource Planning) 시스템

전산적 자원 관리시스템으로, 컴퓨터로 정형화된 개념에서 벗어나 모아진 정보를 공유하고 종합하여 새로운 전략수립 빠른 결정을 하도록 경영 절차를 통합 관리하는 시스템이다. 즉, 컴퓨터를 통해서 모아진 정보로 새로운 경영 전략을 세우고, 실행 관여하는 시스템으로 조직 운영을 합리적, 경제적으로 관리할 수 있다.

나. CRP(Continuous Replenishment Program) 시스템

자동 재고 보충 프로그램으로, 두산 백과사전에는 "유통업체가 제조업체와 전자상거래를 통해 상품에 대한 주문 정보를 공유하여 재고를 자동으로 보충·관리하는 프로그램이다."라고 되어 있다.

유통업체가 안고있는 반품 문제, 재고의 과부족 사태 해소와 제조업체가 갖고 있는 정확한 수요 예측의 어려움에 대한 해소를 통한 비용절감 효과 목적으로 개발된 프로그램으로 궁극적으로 재고 관리를 통해서 고객에게 필요한 상품만을 공급하는 것이다. 미용업의 경우 제품 회사와 전자 상거래를 통해 상품의 재고가 부족할 때 자동 재고 관리하는 프로그램으로 정의할 수 있다.

다. POS(Point Of Sale) 시스템

POS 시스템 기능은 소매점 점판 상품을 파악하는 판매, 재고 관리 기능, 자동 판독 기능으로 POS 시스템에서는 바코드가 대표적이다.

상품 판매 시점에 바코드가 읽히는 순간 정보가 입력되는 기능, 정보의 집중 관리 기능으로 분류할 수 있다.

POS 터미널로부터 수집된 정보, 즉 단품별 데이터·고객 정보·가격 및 매출 정보 등은 주 컴퓨터에 보내 집중적으로 가공·처리 및 전달로 전략적 의사결정 정보로 활용할 수 있다.

판매시점 정보 관리 시스템으로 POS 단말기에 의해 단품별 정보판매수집 컴퓨터에 보관 정보를 발주, 매입, 배송, 재고 등 정보와 연계 컴퓨터 가공·처리함으로 매출 분석은 물론 동향 파악 및 경영분석의 자료를 제공하도록 지원하는 시스템이다.

거래 발생과 동시 데이터를 서버에 입력하여 필요한 정보를 수록할 수 있고, 필요한 데이터 판매 시점에서 실시간 파악이 가능하다.

다수 POS 단말기를 운용하는 경우 매장 POS 단말기의 가동 상태와 오류 및 정산상황 등을 메인 서버에서 집중 관리하여 현금, 신용 카드, 미결, 취소, 할인 거래에 관한 모든 정보 및 각 상품별 정보 파악이 가능하다.

POS 시스템의 유형은 상품 속성을 중심으로 식품 잡화형 POS 시스템, 의류품형 POS 시스템, 그리고 크레디트형 POS 시스템으로 구분할 수 있다.

유통업체, 재조업체, 소비업체 간의 정보 교류 구축 프로그램의 가격이 비싸서 대기업에서 주로 이루어졌으나, 현재는 싸고 간편한 인터넷으로 기업 크기에 상관없이 정보 공유 시스템을 구축할 수 있다. 전자 상거래를 통한 재고 관리는 미용사업장에서 많이 사용되고 있다.

라. 소모품 관리 방법

소모품 물품은 내부 규정에 의해서 관리된다. 관리 규정은 소모품의 목적과 적용 범위, 책임 관리자의 임무, 인수·인계 시의 규정, 재고를 포함한 관리 규정 일체를 포함한다. 대규모 미용업소는 물품 관리 규정을 정해 효율적인 관리를 할 필요가 있으며, 소규모는 물품 관리 요령을 숙지하여 효율적 관리가 필요하다.

CHAPTER 4 재고 관리 실행 예상문제

01 다음 중 재고관리시스템으로 옳지 않은 것은?

가. ERP(Enterprise Resource Planning) 시스템
나. POS(Point Of Sale) 시스템
다. CRP(Continuous Replenishment Program) 시스템
라. CRM(customer relationship management) 시스템

explanation

CRM 고객 관계 관리 마케팅의 한 가지 유형이다.

02 다음 [보기]의 설명으로 옳은 것은?

> 전산적 자원관리시스템으로, 컴퓨터로 정형화된 개념에서 벗어나 모아진 정보를 공유하고 종합하여 새로운 전략수립 빠른 결정을 하도록 경영 절차를 통합 관리하는 시스템이다. 즉, 컴퓨터를 통해서 모아진 정보로 새로운 경영 전략을 세우고, 실행 관여하는 시스템으로 조직 운영을 합리적, 경제적으로 관리할 수 있다.

가. CRP(Continuous Replenishment Program) 시스템
나. POS(Point Of Sale) 시스템
다. ERP(Enterprise Resource Planning) 시스템
라. CRM(customer relationship management) 시스템

explanation

보기는 ERP 시스템에 대한 설명이다.

03 CRP 시스템에 대한 설명으로 옳지 않은 것은?

가. 정확한 수요 예측의 어려움에 대한 해소를 통한 비용 절감 효과를 목적으로 한다.
나. 유통 업체와 소비 업체 간의 자동 재고 관리 프로그램이다.
다. 유통 업체가 갖고 있는 반품, 재고의 과부족 사태 해소를 줄이기 위한 것이다.
라. 궁극적 목적은 재고 관리를 통해 고객에게 필요한 상품만을 공급 하는 것이다.

explanation

유통 업체와 제조 업체가 겪는 누적 재고 해결을 위해 실질적 수요 중심 공급을 주도 하는 시스템

04 POS 시스템에 대한 설명으로 옳지 않은 것은?

가. 소매점 점판 상품을 파악 하는 판매, 재고 관리, 자동 판독 기능을 갖는다.
나. 바코드를 이용한 것이 특징이다.
다. 거래 발생과 동시에 데이터를 서버에 입력가능 하며, 필요한 데이터에 대해 실시간 파악으로 빠른 활용이 가능하다.
라. 유통업체, 제조업체, 소비업체간의 정보 교류 구축 프로그램의 가격이 비싸서 대기업에서 이루어지고 있다.

explanation

현재는 싸고 간편한 인터넷으로 기업 크기에 관계없이 정보 공유 시스템을 구축 할 수 있다.

05 컴퓨터 프로그램을 활용한 재고 관리가 주는 이점으로 옳지 않은 것은?

가. 업무의 효율화
나. 상시 업데이트 불이행 시 누락 발생
다. 관리 시간의 단축
라. 재고 관리 비용 절감

explanation

상시 업데이트를 하지 않을 시 누락이 발생 하는 것은 재고 관리상의 어려움이다.

▮ 정답

1	2	3	4	5
라	다	나	라	나

공중위생관리법규

CHAPTER

CHAPTER 1
목적 및 정의

1. 목적 및 정의

가. 목적(공중위생관리법 제1조)

공중이 이용하는 영업과 시설의 위생관리 등에 관한 사항을 규정함으로써 위생수준을 향상시켜 국민의 건강증진에 기여함을 목적으로 한다.

나. 정의(공중위생관리법 제2조)

1) 공중위생영업: 다수인을 대상으로 위생관리서비스를 제공하는 영업으로서 숙박업·목욕장업·이용업·미용업·세탁업·위생관리용역업을 말한다.
2) 이용업: 손님의 머리카락 또는 수염을 깎거나 다듬는 등의 영업으로 손님의 용모를 단정하게 하는 영업을 말한다.
3) 미용업: 손님의 얼굴·머리·피부 등을 손질하여 손님의 외모를 아름답게 꾸미는 영업을 말한다.
4) 공중이용시설: 다수인이 이용함으로써 이용자의 건강 및 공중위생에 영향을 미칠 수 있는 건축물 또는 시설로서 대통령령이 정하는 것을 말한다.

CHAPTER 1 목적 및 정의 예상문제

01 공중위생관리법에서 미용업의 정의에 대한 설명 중 옳은 것은?

가. 손님의 머리카락 만 다듬어 용모를 단정하게 하는 영업
나. 손님의 얼굴·머리·피부 등을 외모를 아름답게 꾸미는 영업
다. 손님의 수염을 깎거나 다듬어 용모를 단정하게 하는 영업
라. 손님의 얼굴·의상 등을 손질하여 외모를 아름답게 꾸미는 영업

explanation

공중위생관리법 제2조(정의) 참조

02 다음 중 공중위생영업으로 옳지 않은 것은?

가. 미용업
나. 숙박업
다. 세탁업
라. 요식업

explanation

공중위생관리법 제2조(정의) 참조

정답

1	2
나	라

CHAPTER 2
영업의 신고 및 폐업

1. 영업의 신고 및 폐업

가. 공중위생영업의 신고(공중위생관리법 제3조)

1) 영업 신고

공중위생영업을 하고자 하는 자는 공중위생영업의 종류별로 보건복지부령이 정하는 시설 및 설비를 갖추고 시장·군수·구청장(자치구의 구청장에 한한다. 이하 같다)에게 신고하여야 한다.

(1) 제출서류

(가) 영업시설 및 설비개요서

(나) 교육필증(미리 위생교육을 받은 경우)

(다) 면허증원본

2) 폐업 신고

제1항의 규정에 의하여 공중위생영업의 신고를 한 자(이하"공중위생영업자"라 한다.)는 공중위생영업을 폐업한 날부터 20일 이내에 시장·군수·구청장에게 신고하여야 한다.

3) 변경 신고

공중위생영업을 다음과 같이 변경 신고하고자 하는 자는 서류를 갖추어 시장·군수·구청장(자치구의 구청장에 한한다. 이하 같다)에게 신고하여야 한다.

(1) 변경 신고를 해야 할 경우

(가) 영업소의 명칭 또는 상호 변경

(나) 영업소의 소재지 변경

(다) 신고한 영업장 면적의 1/3 이상의 증감

(라) 대표자의 성명 변경(법인의 경우 해당)

(마) 첨부 서류: 영업신고증, 변경 사항을 증명하는 서류

나. 영업의 승계 신고(공중위생관리법 제3조)

1) 공중위생영업자가 그 공중위생영업을 양도하거나 사망한 때 또는 법인의 합병이 있는 때에는 그 양수인·상속인 또는 합병 후 존속하는 법인이나 합병에 의하여 설립되는 법인은 그 공중위생영업자의 지위를 승계한다.
2) 민사집행법에 의한 경매, 「채무자 회생 및 파산에 관한 법률」어 의한 환가나 국세징수법 · 관세법 또는 지방세법에 의한 압류재산의 매각 그 밖에 이에 준수하는 절차에 따라 공중위생영업 관련시설 및 설비의 전부를 인수한 자는 이 법에 의한 그 공중위생영업자의 지위를 승계한다.
3) 면허를 소지한 자에 한하여 공중위생영업자의 지위를 승계할 수 있다.
4) 공중위생영업자의 지위를 승계한 자는 1월 이내에 보건복지부령이 정하는 바에 따라 시장·군수 또는 구청장에게 신고하여야 한다.

(1) 제출서류

(가) 영업자 지위승계 신고서
(나) 가족관계증명서
(다) 상속자임을 증명할 수 있는 서류

CHAPTER 2 영업의 신고 및 폐업 예상문제

01 규정에 의한 공중위생영업의 신고를 한 자는 폐업한 날부터 몇일 이내에 시장·군수·구청장에게 신고하는 것으로 옳은 것은?

가. 폐업 즉시
나. 폐업한 날부터 10일 이내
다. 폐업한 날부터 20일 이내
라. 폐업한 날부터 1년 이내

explanation

공중위생관리법 제3조(공중위생영업소의 신고 및 폐업신고) 참조

02 공중위생영업자가 그 공중위생영업을 양도하거나 사망한 때에 그 지위를 승계한 자의 영업신고로 옳은 것은?

가. 1월 이내 시장·군수·구청장에게 신고한다.
나. 1월 이내 보건복지부장관에게 신고한다.
다. 2월 이내 소재지 경찰서장에게 신고한다.
라. 2월 이내 소재지 파출소장에게 신고한다.

explanation

공중위생관리법 제3조의 2(공중위생영업의 승계) 참조

03 이 · 미용영업소의 변경신고 사항으로 옳지 않는 것은?

가. 영업소의 소재지
나. 영업소의 명칭 또는 상호
다. 직원의 채용
라. 신고한 영업장 면적의 3분의 1이상의 증감

explanation

공중위생관리법 제3조(변경신고) 참조

▮ 정답

1	2	3
다	가	다

CHAPTER 3
영업자 준수 사항

1. 영업자 준수 사항

가. 공중위생영업의 위생관리 의무(공중위생관리법 제4조)

1) 공중위생영업자는 그 이용자에게 건강상 위해요인이 발생하지 아니하도록 영업 관련 시설 및 설비를 위생적이고 안전하게 관리하여야 한다.

2) 미용업을 하는 자는 다음 각 호의 사항을 지켜야 한다.
(1) 의료기구와 의약품을 사용하지 아니하는 순수한 화장 또는 피부미용을 할 것
(2) 미용기구는 소독을 하 기구와 소독을 하지 아니한 기구로 분리하여 보관하고 면도기는 1회용 면도날만을 손님 1인에 한하여 사용할 것, 이 경우 미용기구의 소독기준 및 방법은 보건복지부령으로 정한다.
(3) 미용사면허증 원본, 미용업 신고증, 미용 요금표를 영업소 안에 게시할 것
(4) 제1할 내지 제6항의 규정에 의하여 공중위생영업자가 준수하여야 할 위생관리기준 기타 위생관리서비스의 제공에 관하여 필요한 사항은 보건복지부령으로 정한다.

나. 공중이용시설의 위생관리(공중위생관리법 제5조)

1) 공중이용시설의 소유자·점유자 또는 관리자(이하“소유자등”이라 한다)는 시설이용자의 건강에 해가 없도록 다음 각호의 사항을 지켜야 한다. 다만, 위생관리에 관하여 다른 법령의 규정이 있는 경우에는 그러하지 아니하다.
(1) 실내 공기는 보건복지부령이 정하는 위생관리기준에 적합하도록 유지할 것
(2) 영업소·화장실 기타 공중이용시설 안에서 시설이용자의 건강을 해할 우려가 있는 오염물질이 발생되지 아니하도록 할 것.

이 경우 오염물질의 종류와 오염허용기준은 보건복지부령으로 정한다.

CHAPTER 3 영업자 준수 사항 예상문제

01 이·미용사의 면허증에 대한 설명으로 옳은 것은?

가. 영업소 내의 면허증 게시는 업주의 선택사항이다.
나. 영업소 내의 면허증은 사본을 게시해도 무방하다.
다. 영업소 내의 면허증은 원본을 게시하여야 한다.
라. 면허증 분실 시 분실 사유서를 게시하여야 한다.

explanation

공중위생관리법 제4조(공중위생영업자의 위생관리의무 등) 참조

02 다음 중 이·미용업소 내에 게시하여야 하는 것으로 옳지 않는 것은?

가. 미용업신고증
나. 개설자의 면허증원본
다. 미용요금표
라. 위생교육필증

explanation

공중위생관리법 제4조(공중위생영업자의 위생관리의무 등) 참조

▮ 정답

1	2
다	라

CHAPTER 4
이 · 미용사의 면허

1. 이 · 미용사의 면허

가. 이 · 미용사의 면허(공중위생관리법 제6조)

1) 이용사 또는 미용사가 되고자 하는 자는 다음 각호의 1에 해당하는 자로서 보건복지부령이 정하는 바에 의하여 특별시장·광역시장·도지사(이하"시·도지사"라 한다)의 면허를 받아야 한다.
  (1) 전문대학 또는 이와 동등 이상의 학력이 있다고 교육인적자원부장관이 인정하는 학교에서 이용 또는 미용에 관한 학과를 졸업한 자
  (2) 고등학교 또는 이와 동등 이상의 학력이 있다고 교육인적자원부장관이 정하는 바에 의하여 특별시장·광역시장·도지사(이하"시·도지사"라 한다)의 면허를 받아야 한다.
  (3) 고등학교 또는 이와 동등의 학력이 있다고 교육인적자원부장관이 인정하는 학교에서 이용 또는 미용에 관한 학과를 졸업한 자
  (4) 교육인적자원부장관이 인정하는 고등기술학교에서 1년 이상 이용 또는 미용에 관한 소정의 과정을 이수한 자
  (5) 국가기술자격법에 의한 이용사 또는 미용사의 자격을 취득한 자

▶ 제출서류

- 국가기술자격증(한국산업인력공단에서 취득), 졸업증명서 또는 학위증명서(고등학교, 전문대학 또는 이와 동등 이상의 학력이 있다고 교육과학기술부장관이 인정하는 학교에서 이용 또는 미용에 관한 학과를 졸업한 자 및 미용에 관한 학위를 취득한 자만 해당), 이수증명서(육과학기술부장관이 인정하는 고등기술학교에서 1년 이상 이용 또는 미용에 관한 소정의 과정일 이수한 자만 해당) 중 1개 선택 지참
- 건강진단서(지정된 발급 의료기관은 없음 → 병원, 의원 관계없으나 의료법에 따른 의료기관에서 발급해야 하며 아래 사항을 검사할 수 있는 의료기관인지 확인 후 발

급 必 → 최근 6개월 이내의 것으로 정신질환, 전염성 결핵환자 및 마약, 대마, 향정신성의약품 중독자에 각각 해당되지 아니함을 증명하는 것)

- 반명함판 사진2매(3.5cm X 4.5cm)
- 수수료
- 신분증

다음 각 호의 1에 해당하는 자는 이용사 또는 미용사의 면허를 받을 수 없다.

- 금치산자
- 정신질환자 또는 간질병자
- 공중의 위생에 영향을 미칠 수 있는 전염병환자로서 보건복지부령이 정하는 자
- 마약 기타 대통령령으로 정하는 약물 중독자
- 면허가 취소된 후 1년이 경과되지 아니한 자

나. 이·미용사의 면허 취소

1) 시·도지사는 이용사 또는 미용사가 다음 각 호의 1에 해당하는 때에는 그 면허를 취소하거나 6월 이내의 기간을 정하여 그 면허의 정지를 명할 수 있다.

규정에 의한 명령에 위반한 때

(1) 금치산자, 마약, 대마, 향정신성 의약품 중독자 또는 기타 대통령령으로 정하는 약물 중독자

(2) 면허증을 다른 사람에게 대여한 때

(3) 제1항의 규정에 의한 면허취소·정지처분의 세부적인 기준은 그 처분의 사유와 위반의 정도 등을 감안하여 보건복지부형으로 정한다.

다. 이·미용사의 면허의 재교부

면허증의 기재 사항에 변경이 있거나 면허증을 잃어버린 때, 면허증이 헐어 못쓰게 된 때에는 면허증의 재교부를 신청할 수 있다.

▶ 제출서류

- 면허증 원본(기재 사항이 변경되거나 면허증이 헐어 못쓰게 된 경우)
- 최근 6개월 이내 찍은 가로 3.5cm, 세로 4.5cm의 탈모 정면 상반신 사진 2매
- 면허증을 잃어버린 후 재교부 받은 자가 그 잃어버린 면허증을 찾은 때에는 지체없이 재교부 받은 시장·군수·구청장에게 이를 반납하여야 한다.

CHAPTER 4 이·미용사의 면허 예상문제

01 다음 중 이·미용사의 면허를 받을 수 있는 자로 옳은 것은?

가. 마약 기타 대통령령으로 정하는 약물 중독자
나. 면허가 취소된 후 1년이 경과된 자
다. 전염병환자로서 보건복지부령이 정하는 자
라. 정신질환자 또는 간질병자

explanation

공중위생관리법 제6조(이용사 및 미용사의 면허 등) 참조

02 이·미용사의 면허를 받을 수 없는 자로서 보건복지부령이 정한 전염병환자로 옳지 않는 것은?

가. 장티푸스환자　　나. 비전염성이 아닌 결핵환자
다. 간염환자　　라. 나병환자

explanation

공중위생관리법 제6조(이용사 및 미용사의 면허 등) 참조

03 다음 중 이·미용사가 면허증 재교부 신청으로 옳은 것은?

가. 주민등록번호를 변경하고자 할 때
나. 면허증이 헐어서 못쓰게 되었을 때
다. 사진을 교체하고자 할 때
라. 면허증을 잃어버린 때

explanation

공중위생관리법 제6조(이용사 및 미용사의 면허 등) 참조

04 이·미용사의 면허가 취소되거나 6월 이내의 면허 정지처분을 받은 자가 면허증을 반납해야 하는 기간으로 옳은 것은?

가. 7일 이내　　나. 15일 이내
다. 반납하지 않아도 된다.　　라. 지체 없이

explanation

공중위생관리법 제6조(이용사 및 미용사의 면허 등) 참조

05 이·미용사의 면허증을 분실하여 재교부 신청을 할 때 첨부하여야 하는 것으로 옳은 것은?

가. 분실사유서
나. 자격증원본
다. 영업신고서
라. 면허증사본

explanation

공중위생관리법 제6조(이용사 및 미용사의 면허 등) 참조

06 이·미용사의 면허가 취소되거나 면허의 정지명령을 받은 자는 그 면허증을 반납하는 자 로 옳은 것은?

가. 시장·군수·구청장
나. 시·도지사
다. 보건복지부장관
라. 반납하지 않아도 된다.

explanation

공중위생관리법 제6조(이용사 및 미용사의 면허 등) 참조

07 다음 중 이 · 미용사의 면허를 받을 수 없는 자에 속하는 것으로 옳은 것은?

가. 전문대학 또는 이와 동등 이상의 학력이 있다고 교육인적자원부장관이 인정하는 학교, 학과를 졸업한 자
나. 면허증을 타인에게 대여하여 면허취소를 받은 후 1년이 경과된 자
다. 보건복지부장관이 인정하는 고등기술학교에서 1년 이상 이·미용과정을 이수한 자
라. 국가기술자격법에 의한 이·미용사의 자격을 취득한 자

explanation

공중위생관리법 제6조(이용사 및 미용사의 면허 등) 참조

정답

1	2	3	4	5	6	7
나	가	다	라	가	가	다

CHAPTER 5
이 · 미용사의 업무

1. 이 · 미용사의 업무

가. 이 · 미용사의 업무범위(공중위생관리법 제8조)

이용사의 업무 범위는 이발·아이론·면도·머리피부손질·머리카락 염색 및 머리감기로 한다. 미용사의 업무 범위는 다음과 같다.

1) 2007년 12월 31일 이전에 같은 항 제4호에 따라 미용사자격을 취득한 자로서 미용사면허를 받은 자: 영 제4조 제2호 각 목에 따른 영업에 해당하는 모든 업무
2) 2008년 1월 1일 이후부터 2015년 4월 16일까지 법 제6조제1항 제4호에 따라 미용사(일반)자격을 취득한 자로서 미용사 면허를 받은 자: 파마·머리카락자르기·머리카락모양내기·머리피부손질·머리카락염색·머리감기, 의료기기나 의약품을 사용하지 아니하는 눈썹손질, 얼굴의 손질 및 화장, 손톱과 발톱의 손질 및 화장
3) 2015년 4월 17일부터 2015년 12월 31일까지 법 제6조제1항 제4호에 따라 미용사(일반)자격을 취득한 자로서 미용사 면허를 받은 자: 파마·머리카락 자르기·머리카락모양내기·머리피부손질·머리카락염색·머리감기, 의료기기나 의약품을 사용하지 아니하는 눈썹손질, 얼굴의 손질 및 화장
4) 2016년 1월 1일 이후 법 제6조제1항 제4호에 따라 미용사(일반)자격을 취득한 자로서 미용사 면허를 받은 자: 파마·머리카락자르기·머리카락모양내기·머리피부손질·머리카락염색·머리감기, 의료기기나 의약품을 사용하지 아니하는 눈썹손질. 다만, 2016년 5월 31일까지 미용사(일반)자격을 취득한 사람의 경우에는 얼굴의 손질 및 화장에 관한 업무를 추가로 할 수 있다.
5) 미용사(피부)자격을 취득한 자로서 미용사 면허를 받은 자: 의료기기나 의약품을 사용하지 아니하는 피부상태분석·피부관리·제모·눈썹손질
6) 미용사(네일)자격을 취득한 자로서 미용사 면허를 받은 자: 손톱과 발톱의 손질 및 화장

7) 미용사(메이크업)자격을 취득한 자로서 미용사 면허를 받은 자: 얼굴 등 신체의 화장·분장 및 의료기기나 의약품을 사용하지 아니하는 눈썹손질

▶ 미용보조업무(시행규칙 제 14조 제 3항, 2016년 8월 4일 신설)

- 이용·미용 업무를 위한 사전 준비에 관한 사항
- 이용·미용 업무를 위한 기구·제품 등의 관리에 관한 사항
- 영업소의 청결 유지 등 위생관리에 관한 사항

▶ 보건복지부령이 정하는 특별한 사유

- 질병 혹은 그 밖의 사유로 영업소에 나올 수 없는 자에 대하여 이용 또는 미용을 하는 경우
- 혼례나 그 밖의 의식에 참여하는 자에 대하여 그 의식 직전에 이용 또는 미용을 하는 경우
- 사회복지시설에서 봉사활동으로 이용 또는 미용을 하는 경우
- 방송 등의 촬영에 참여하는 사람에 대하여 그 촬영 직전에 이용 또는 미용을 하는 경우
- 시장·군수·구청장이 특별한 사정이 있다고 인정하는 경우

CHAPTER 5 이 · 미용사의 업무 예상문제

01 공중위생관리법상 이·미용 업무는 영업장소 이외의 장소에서 영업을 할 수 없으나 보건복지부령이 정하는 특별한 사유는 그렇지 않다. 그 내용에 속하는 사항으로 옳은 것은?

가. 시장상인을 대상으로 한 상가 내에서의 이·미용업무
나. 읍 단위 이하의 마을회관에서의 이·미용업무
나. 출국하기 직전 공항 구내에서의 이·미용업무
라. 보건복지부령이 정한 특별한 사유가 있는 경우

explanation

공중위생관리법 제8조(영업소 외에서의 이용 및 미용업무) 참조

02 이·미용의 업무는 영업장소 이외의 장소에서는 영업을 할 수 없으나 예외의 경우가 있는데 이러한 경우 누구의 령으로 하는지 옳은 것은?

가. 보건복지부령
나. 재정경재부령
다. 노동부령
라. 농림부령

explanation

공중위생관리법 제8조(영업소 외에서의 이용 및 미용업무) 참조

03 영업소 외의 장소에서 이·미용의 업무를 할 수 있는 경우로 옳지 않는 것은?

가. 질병으로 인하여 영업소에 나올 수 없는 자에 대하여 이·미용을 하는 경우
나. 단골 고객의 간곡한 부탁을 받은 경우
다. 특별한 사정이 있다고 인정하여 시장·군수·구청장이 정하는 경우
라. 혼례에 참여하는 자에 대하여 그 의식의 직전에 이·미용을 하는 경우

explanation

공중위생관리법 시행규칙 제13조(영업소 외에서의 이용 및 미용업무) 참조

▮ 정답

1	2	3
라	가	나

CHAPTER 6
행정지도 및 감독

1. 행정지도 및 감독

가. 보고 및 출입·검사(공중위생관리법 제9조)

1) 보건복지부장관, 시·도지사 또는 시장·군수·구청장은 공중위생관리상 필요하다고 인정하는 때에는 공중위생영업자 및 공중이용시설의 소유자 등에 대하여 필요한 보고를 하게 하거나 소속공무원으로 하여금 영업소·사무소·공중이용시설들에 출입하여 공중위생영업자의 위생관리의 무이행 및 공중이용시설의 위생관리실태 등에 대하여 검사하게하거나 필요에 따라 공중위생영업장부나 서류를 열람하게 할 수 있다.
2) 제1항의 경우에 관계공무원은 그 권한을 표시하는 증표를 지녀야 하며, 관계인에게 이를 내보여야 한다.

나. 영업의 제한(공중위생관리법 제9조 제2항)

1) 시·도지사는 공익상 또는 선량한 풍속을 유지하기 위하여 필요하다고 인정하는 때에는 공중위생영업자 및 종사원에 대하여 영업시간 및 영업행위에 관한 필요한 제한을 할 수 있다.

다. 위생지도 및 개선명령(공중위생관리법 제10조)

1) 보건복지부장관, 시·도지사 또는 시장·군수·구청장은 다음 각 호의 1에 해당하는 자에 대하여 즉시 또는 일정한 기간을 정하여 그 개선을 명할 수 있다.
2) 시설 및 설비기준을 위반, 위생관리의무(이·미용기구는 소독을 한 기구와 소독을 하지 아니한 기구로 분리하여 보관해야 하는 위생관리 의무) 등 일정한 기간을 정하여 그 개선을 명할 수 있다.
3) 규정을 위반한 공중이용시설의 소유자 등에게 개선명령을 하는 때에는 위생관리 기준, 발생된 오염물질의 종류, 오염허용기준을 초과한 정도와 개선기준을 명시하여야 한다.

라. 공중위생 영업소의 폐쇄(공중위생관리법 제11조)

1) 시장·군수·구청장은 공중위생영업자가 이 법 또는 이법에 의한 명령에 위반하거나 또는 풍속영업의 규제에 관한 법률·청소년보호법·의료법에 위반하여 관계행정기관의 장의 요청이 있는 때에는 6월 이내의 기간을 정하여 영업의 정지 또는 일부 시설의 사용중지를 명하거나 영업소폐쇄 등을 명할 수 있다. 다만, 관광숙박업의 경우에는 당해 관광숙박업의 관할행정기관의 장과 미리 협의하여야 한다.
2) 제1항의 규정에 의한 영업의 정지, 일부 시설의 사용중지와 영업소 폐쇄 명령 등의 세부적인 기준은 보건복지부령으로 정한다.
3) 시장·군수·구청장은 공중위생영업자가 영업소폐쇄명령을 받고도 계속하여 영업을 하는 때에는 관계공무원으로 하여금 당해 영업소를 폐쇄하기 위하여 다음 각 호의 조치를 하게 할 수 있다.
   (1) 당해 영업소의 간판 기타 영업표지물의 제거
   (2) 당해 영업소가 위법한 영업소임을 알리는 게시물 등의 부착
   (3) 영업을 위하여 필수불가결한 기구 또는 시설물을 사용할 수 없게 하는 봉인

마. 과징금 처분(공중위생관리법 제11조 제2항)

1) 시장·군수·구청장은 제11조 제1항의 규정에 의한 영업정지가 이용자에게 심한 불편을 주거나 그 밖에 공익을 해할 우려가 있는 경우에는 영업정지 처분에 갈음하여 3천만원 이하의 과징금을 부과 할 수 있다. 다만, 풍속영업의 규제에 관한법률 제3조 각호의 1 또는 이에 상응하는 위반행위로 인하여 처분을 받게 되는 경우를 제외한다.
2) 제1항의 규정에 의한 과징금을 부과하는 위반행위의 종별 · 정도 등에 따른 과징금의 금액 등에 관하여 필요한 사항은 대통령령으로 정한다.
3) 시장·군수·구청장은 과징금을 납부하여야 할 자가 납부기한까지 이를 납부하지 아니한 경우에는 지방세체납처분의 예에 의하여 이를 징수한다.
   시장·군수·구청장이 부과·징수한 과징금은 당해 시·군·구에 귀속된다.

바. 행정제재 처분효과의 승계(공중위생관리법 제11조 제3항)

1) 공중위생영업자의 그 영업을 양도하거나 사망할 때 또는 법인의 합병이 있는 때에는 종전의 영업자에 대하여 제 11조 제1항의 위반을 사유로 행한 행정 제재처분의 효과는 그 처분기간이 만료된 날부터 1년간 양수인·상속인 또는 합병 후 존속하는 법인에 승계된다.

2) 공중위생영업자가 그 영업을 양도하거나 사망할 때 또는 법인의 합병이 있는 때에는 제11조 제1항의 위반을 사유로 하여 종전의 영업자에 대하여 진행 중인 행정제재처분 절차를 양수인·상속인 또는 합병 후 존속하는 법인이 대하여 속행할 수 있다.

사. 같은 종류의 영업 금지(공중위생관리법 제11조 제4항)

1) 「성매매알선 등 행위의 처벌에 관한 법률」·「풍속영업의 규제에 관한 법률」 또는 「청소년 보호법」(이하 이 조에서“「성매매 알선 등 행위에 처벌에 관한 법률」 등”이라 한다.)을 위반하여 폐쇄명령을 받은 자(법인인 경우에는 그 대표자를 포함한다. 이하 제2항에서 같다)는 그 폐쇄명령을 받은 후 2년이 경과하지 아니한 때에는 같은 종류의 영업을 할 수 없다.
2) 「성매매 알선 등 행위의 처벌에 관한 법률」 등 외의 법률을 위반하여 폐쇄 명령을 받은 자는 그 폐쇄 명령을 받은 후 1년이 경과하지 아니한 때에는 같은 종류의 영업을 할 수 없다.
3)「성매매 알선 등 행위의 처벌에 관한 법률」 등의 위반으로 폐쇄명령이 있은 후 1년이 경과하지 아니한 때에는 누구든지 그 폐쇄명령이 이루어진 영업장소에서 같은 종류의 영업을 할 수 없다.
4) 「성매매 알선 등 행위의 처벌에 관한 법률」 등 회의 법률의 위반으로 폐쇄 명령이 있은 후 6개월이 경과하지 아니한 때에는 누구든지 그 폐쇄 명령이 이루어진 영업장소에서 같은 종류의 영업을 할 수 없다.

아. 청문(공중위생관리법 제12조)

1) 시·도지사 또는 시장·군수·구청장은 이용사 및 미용사의 면허취소·면허정지, 공중위생영업의 정지, 일부 시설의 사용중지 및 영업소 폐쇄 명령 등의 처분을 하고자 하는 때에는 청문을 실시하여야 한다.

CHAPTER 6 행정지도 및 감독 예상문제

01 시장·군수·구청장은 다음의 경우 청문을 실시하여야 하는데 그 경우에 속하는 것으로 옳은 것은?

가. 선량한 풍속을 유지하기 위하여 영업시간 및 영업행위에 관해 제한을 하고자 하는 경우
나. 영업정지 명령을 받고도 계속해서 영업을 하는 경우
다. 과태료 처분에 불복이 있는 자가 처분권자에게 이의를 제기하는 경우
라. 영업소 폐쇄명령 등의 처분을 하고자 할 때

explanation

공중위생관리법 제12조(청문) 참조

02 이 · 미용 영업자가 이 · 미용영업소의 폐쇄명령을 받고도 계속해서 영업을 하는 경우 관계공무원으로 하여금 공중위생영업소에 대한 조치 중 옳은 것은?

가. 당해 영업소의 간판 제거
나. 당해 영업소의 전원 차단
다. 당해 영업소의 강제 철거
라. 당해 영업소의 직원 해고

explanation

공중위생관리법 제11조(공중위생영업소의 폐쇄 등) 참조제12조(청문) 참조

03 다음 중 청문을 실시하는 내용으로 옳지 않는 것은?

가. 영업소의 폐쇄명령
나. 일부시설의 개선명령
다. 이·미용사의 면허취소
라. 일부시설의 사용중지

explanation

공중위생관리법 제12조(청문) 참조

04 이·미용영업소가 폐쇄명령을 받은 후 동일 장소에서 동일한 영업을 할 수 없는 기간으로 옳은 것은?

가. 1년
나. 6개월
다. 10개월
라. 제한 없음

explanation

공중위생관리법 제11조의 1(공중위생영업소의 폐쇄 등) 참조

05 이·미용업자가 폐쇄명령을 받고도 계속해서 영업을 하는 경우에는 관계공무원으로 하여금 당해 영업소를 폐쇄하기 위한 조치를 취하게 한다. 그 조치로서 옳지 않는 것은?

가. 영업을 위한 필수 불가결한 기구 또는 시설물의 봉인
나. 당해 영업소의 출입문 봉인
다. 당해 영업소가 위법한 영업소임을 알리는 게시물의 부착
라. 당해 영업소의 간판 기타 영업표지물의 제거

explanation

공중위생관리법 제11조의 1(공중위생영업소의 폐쇄 등) 참조

06 공익상 또는 선량한 풍속을 유지하기 위하여 필요하다고 인정하는 경우 영업시간 및 영업행위에 관해 제한할 수 있는 자로 옳은 것은?

가. 시·도지사　　나 시장·군수·구청장
다. 보건복지부장관　　라. 대통령

explanation

공중위생관리법 제9조의 2(영업의 제한) 참조

07 보건복지부장관 또는 시장·군수·구청장은 영업의 폐쇄명령을 받고도 계속 영업을 한 영업소에 대하여 어떠한 조치를 해야 하는 것으로 옳은 것은?

가. 관계공무원으로 하여금 행정처분 내용을 통보만 하도록 한다.
나. 당해 영업소를 수시로 드나들어 폐쇄여부만을 확인한다.
다. 영업에 필요한 필수 불가결한 기구를 봉인한다.
라. 행정처분 내용을 당해 영업소의 장부만에 기록하도록 한다.

explanation

공중위생관리법 제11조(공중위생영업소의 폐쇄 등) 참조

정답

1	2	3	4	5	6	7
라	가	나	나	나	가	다

CHAPTER 7
업소위생등급

1. 업소위생등급

가. 위생서비스수준의 평가(공중위생관리법 제13조)

1) 시·도지사는 공중위생영업소(관광숙박업의 경우를 제외한다. 이하 이 조에서 같다)의 위생관리수준을 향상시키기 위하여 위생서비스평가계획(이하“평가계획”이라 한다)을 수립하여 시장·군수·구청장에게 통보하여야 한다.
2) 시장·군수·구청장은 평가계획에 따라 관할지역별 세부평가계획을 수립한 후 공중위생영업소의 위생서비스수준을 평가(이하“위생서비스평가”라 한다)하여야 한다.
3) 시장·군수·구청장은 위생서비스평가의 전문성을 높이기 위하여 필요하다고 인정하는 경우에는 관련 전문기관 및 단체로 하여금 위생서비스평가를 실시하게 할 수 있다.
4) 제1항 내지 제3항의 규정에 의한 위생서비스평가의 주기·방법, 위생관리등급의 기준 기타 평가에 관하여 필요한 사항은 보건복지부령으로 정한다.

나. 위생관리등급 공표(공중위생관리법 제14조)

1) 시장·군수·구청장은 보건복지부령이 정하는 바에 의하여 위생서비스평가의 결과에 따른 위생관리등급을 해당 공중위생영업자에게 통보하고 이를 공표하여야 한다.
2) 공중위생영업자는 시장·군수·구청장으로부터 통보받은 위생관리등급의 표지를 영업소의 명칭과 함께 영업소의 출입구에 부착할 수 있다.
3) 시·도지사 또는 시장·군수·구청장은 위생서비스평가의 결과 위생서비스의 수준이 우수하다고 인정되는 영업소에 대하여 포상을 실시할 수 있다.
4) 시·도지사 또는 시장·군수·구청장은 위생서비스평가의 결과에 따른 위생관리등급별로 영업소에 대한 위생 감시를 실시하여야 한다. 이 경우 영업소에 대한 출입·검사와 위생 감시의 실시주기 및 횟수 등 위생관리등급별 위생 감시기준은 보건복지부형으로 정한다.

▶ 위생관리등급의 평가

- 최우수업소: 녹색 등급
- 우수업소: 황색 등급
- 일반관리대상 업소: 백색 등급

다. 공중위생감시원(공중위생관리법 제15조)

1) 공중위생 영업소의 시설 및 통보, 공중이용시설의 위생관리, 이·미용사의 업무범위, 공주위생영업소의 폐지 등의 규정에 의한 관계공무원의 업무를 행하게 하기 위하여 특별시·광역시·도 및 시·군·구(자치구에 한한다)에 공중위생감시원을 둔다.
2) 공중위생감시원의 자격·임명·업무범위 기타 필요한 사항은 대통령령으로 정한다.

▶ 공중위생감시원의 자격

- 위생사 또는 환경기사 2급 이상의 자격증이 있는 자
- 3년 이상 공중위생 행정에 종사한 경력이 있는 자
- 「고등교육법」에 의한 대학에서 화학·화공학·환경공학 또는 위생학 분야를 전공하고 졸업한 자 또는 이와 동등 이상의 자격이 있는 자
- 외국에서 위생사 또는 환경기사의 면허를 받은 자
- 공중위생감시원의 인력확보가 곤란하다고 인정되는 때에는 공중위생 행정에 종사하는 자 중 공중위생 감시에 관한 교육훈련을 2주 이상 받은 자를 공중위생 행정에 종사하는 기간 동안 공중위생감시원으로 임명할 수 있다.

라. 명예공중위생감시원(공중위생관리법 제15조 제2항)

1) 시·도지사는 공중위생 관리를 위한 지도·계몽 등을 행하게 하기 위하여 명예공중위생감시원을 둘 수 있다.
2) 명예공중위생감시원의 자격 및 위촉방법, 업무범위 등에 관하여 필요한 사항은 대통령령으로 정한다.

▶ 명예공중위생감시원의 자격

- 공중위생에 대한 지식과 관심이 있는 자
- 소비자 단체장이 추천하는 자
- 공중위생관련 협회(단체)의 소속 직원 중에서 해당 단체장이 추천한 자

▶ 명예공중위생감시원의 업무

- 공중위생감시원이 행하는 검사대상물의 수거 지원
- 법령 위반행위에 대한 신고 및 자료 제공
- 공중위생에 관한 홍보 및 계몽

마. 위생교육(공중위생관리법 제17조)

1) 공중위생영업자는 매년 위생교육을 받아야 한다.
2) 규정에 의하여 신고를 하고자 하는 자는 미리 위생교육을 받아야 한다. 다만, 부득이 한 사유로 미리 교육을 받을 수 없는 경우에는 영업개시 후 보건복지부령이 정하는 기간 안에 위생교육을 받을 수 있다.
3) 규정에 따른 위생교육을 받아야 하는 자 중 영업에 직접 종사하지 아니하거나 2 이상의 장소에서 영업을 하고자 하는 자는 종업원 중 공중위생에 관한 책임자를 지정하는 경우 그 책임자로 하여금 위생교육을 받게 할 수 있다.
4) 규정에 의한 위생교육의 방법·절차 기타 필요한 사항은 보건복지부령으로 정한다.
5) 위생교육은 3시간으로 한다.

바. 위임 및 위탁(공중위생관리법 제18조)

1) 보건복지부장관은 이 법에 의한 권한의 일부를 대통령령이 정하는 바에 의하여 시·도지사 또는 시장·군수·구청장에게 위임할 수 있다.
2) 보건복지부장관은 대통령령이 정하는 바에 의하여 관계전문기관 등에 그 업무의 일부를 위탁할 수 있다.

CHAPTER 7 업소위생등급 예상문제

01 다음 중 공중위생영업소의 위생관리등급 우수업소가 평가받는 등급으로 옳은 것은?

가. 녹색등급 나. 황색등급
다. 백색등급 라. 흑색등급

explanation

공중위생관리법 시행규칙 제21조(위생관리등급의 구분 등) 참조

02 다음 중 위생서비스 평가의 주기 · 방법, 위생관리등급의 기준, 기타 평가에 관하여 필요한 사항은 누구의 령으로 정하는 것으로 옳은 것은?

가. 대통령령 나. 행정자치부령
다. 보건복지부령 라. 노동부

explanation

공중위생관리법 제13조(위생서비스수준의 평가) 참조

【문제 3】 다음 중 이 · 미용업소 내에서의 위생관리 방법으로 옳지 않는 것은?

가. 장갑은 미관상 좋지 않으므로 절대 착용하지 않는다.
나. 전염성이 강한 눈병을 앓고 있는 경우 일하지 않도록 한다.
다. 화장실에는 비누와 일회용 수건을 준비한다.
라. 헤어 로드는 소독하여 여러 번 사용한다.

explanation

공중위생관리법 시행규칙 공중위생영업자가 준수하여야 하는 위생관리기준 등(제7조 관련) 별표 4 참조

04 다음 중 공중위생영업소의 위생서비스 수준을 평가하는 자로 옳은 것은?

가. 시·도지사 나. 시장·군수·구청장
다. 공중위생감시원 라. 보건복지부장관

explanation

공중위생관리법 제13조(위생서비스수준의 평가) 참조

05 다음 중 공중위생영업소의 위생관리 수준을 향상시키기 위하여 위생평가계획을 수립하는 자로 옳은 것은?

가. 시·도지사　　나. 시장·군수·구청장
다. 보건복지부장관　　라. 노동부 장관

explanation

공중위생관리법 제13조(위생서비스수준의 평가) 참조

06 다음 중 명예공중위생감시원으로 가장 적정한 자로 옳은 것은?

가. 공중위생에 대한 지식과 관심이 있는 자
나. 화공 기술사 자격증을 취득한 자
다. 공업화학 산업기사 자격을 취득한 자
라. 대기환경 산업기사 자격을 취득한 자

explanation

공중위생관리법 제15조(명예공중위생감시원의 자격 등) 참조

07 공중위생감시원의 업무범위로 옳지 않는 것은?

가. 규정에 의한 시설 및 설비의 확인
나. 공중이용시설의 위생관리상태의 확인·검사
다. 규정에 의한 위생교육 이행 여부의 확인
라. 영업의 신고여부 확인

explanation

공중위생관리법 제15조(공중위생감시원의 업무범위) 참조

08 명예공중위생감시원의 자격 및 위촉방법, 업무범위 등에 관하여 필요한 사항은 누구의 령으로 하는지 옳은 것은?

가. 대통령령　　나. 보건복지부령
다. 노동부령　　라. 재정경제부령

explanation

공중위생관리법 제15조의 2(명예공중위생감시원) 참조

09 공중위생감시원의 자격 및 임명에 대한 내용으로 옳지 않는 것은?

가. 대학에서 화학, 화공학, 환경공학 또는 위생학 분야를 전공, 졸업한 자
나. 위생사 또는 환경기사 1급 이상의 자격이 있는 자
다. 외국에서 위생사 또는 환경기사의 면허를 받은 자
라. 3년 이상 공중위생행정에 종사한 경력이 있는 자

explanation

공중위생관리법 제15조(공중위생감시원의 자격 및 임명) 참조

10 공중위생감시원의 업무범위로 옳지 않는 것은?

가. 시설 및 설비의 확인
나. 영업자 준수사항 이형여부의 확인
다. 영업소 폐쇄명령 이행여부 확인
라. 이·미용영업소 직원의 근태 파악

explanation

공중위생관리법 제15조(공중위생감시원의 업무범위) 참조

▮ 정답

1	2	3	4	5	6	7	8	9	10
나	다	가	나	가	가	라	가	나	라

CHAPTER 8
벌칙 및 과태료

1. 벌칙 및 과태료

가. 벌칙(공중위생관리법 제20조)

1) 1년 이하의 징역 또는 1천만원 이하의 벌금

(1) 이·미용업의 영업신고를 하지 아니하고 업소를 개설한 자
(2) 영업소 폐쇄 명령을 받고도 계속하여 영업을 한 자
(3) 일부 시설의 사용중지 명령을 받고 그 기간 중에 영업을 한 자
(4) 영업정지명령을 받고도 계속하여 영업을 한 자

2) 6월 이하의 징역 또는 500만원 이하의 벌금

(1) 건전한 영업 질서를 위하여 준수하여야 할 사항을 준수하지 않은 자
(2) 공중위생영업의 변경신고를 하지 않은 자
(3) 영업자의 지위를 승계한 자로서 규정에 의한 신고를 하지 않은 자

3) 300만원 이하의 벌금

(1) 위생관리기준, 오염허용기준을 지키지 아니한 자로서 개선명령을 따르지 아니한 자
(2) 면허가 취소된 후 계속하여 업무를 행한 자
(3) 면허를 받지 아니하고 업소를 개설하거나 미용의 업무를 행한 자
(4) 면허 정지 기간 중에 업무를 행한 자

나. 양벌기준(공중위생관리법 제21조)

법인의 대표자나 법인 또는 개인의 대리인 · 사용인 기타 종업원이 그 법인 또는 개인의 업무에 관하여 제 20조의 위반행위를 한 때에는 행위자를 벌하는 외에 그 법인 또는 개인에 대하여도 동조의 벌금형을 과한다.

다. 과태료(공중위생관리법 제22조)

1) 300만원 이하의 과태료

(1) 공중위생영업의 폐업신고를 하지 아니한 자
(2) 위생기준, 수질기준을 준수하지 아니한 자
(3) 규정에 의한 보고를 하지 아니한 자
(4) 관계공무원의 출입·검사·기타 조치를 거부·방해·기피한 자
(5) (영업자, 시설 소유자) 위생지도 및 개선명령에 위반한 자

2) 200만원 이하의 과태료

(1) 이·미용업소의 위생관리 의무를 지키지 아니한 자
(2) 영업소 외의 장소에서 이용 또는 미용업무를 행한 자
(3) 위생교육을 받지 아니한 자

라. 과태료 부과징수절차(공중위생관리법 제23조)

1) 제22조의 규정에 의한 과태료는 대통령령이 정하는 바에 의하여 시장·군수·구청장(이하"처분권자"라 한다)이 부과·징수한다.
2) 과태료처분에 불복이 있는 자는 그 처분의 고지를 받은 날부터 30일 이내에 처분권자에게 이의를 제기할 수 있다.
3) 과태료처분을 받은 자가 제2항의 규정에 의하여 이의를 제기한 때에는 처분 권자는 지체 없이 관할법원에 그 사실을 통보하여야 하며, 그 통보를 받은 관할법원은 비송사건절차법에 의한 과태료의 재판을 한다.
4) 기간 내에 이의를 제기하지 아니하고 과태료를 납부하지 아니한 때에는 지방세체납처분의 예에 의하여 이를 징수한다.

CHAPTER 8 벌칙 및 과태료 예상문제

01 이·미용 영업을 하고자 하는 자가 보건복지부령이 정하는 시설 및 설비를 모두 갖춘 후 영업신고를 아니하고 영업을 한 때의 벌칙으로 옳은 것은?

가. 1천만원 이하의 벌금
나. 500만원 이하의 벌금
다. 1년 이하의 징역 또는 1천원 이하의 과태료
라. 1년 이하의 징역 또는 1천만원 이하의 벌금

explanation

공중위생관리법 제20조(벌칙) 참조

02 공중위생영업소의 시설 또는 설비가 기준에 위반되어 개선명령을 받고도 그 개선명령을 위반한 자에 대한 벌칙으로 옳은 것은?

가. 300만원 이하의 벌금
나. 300만원 이하의 과태료
다. 200만원 이하의 벌금
라. 200만원 이하의 과태료

explanation

공중위생관리법 제22조(과태료) 참조

03 규정에 의한 보고를 하지 않거나 관계공무원의 출입·검사 기타 조치를 거부하거나 혹은 방해한 자에 대한 벌칙으로 옳은 것은?

가. 200만원 이하의 벌금
나. 200만원 이하의 과태료
다. 300만원 이하의 과태료
라. 300만원 이하의 벌금

explanation

공중위생관리법 제22조(과태료) 참조

04 이·미용영업소 시설의 일부가 사용중지 명령을 받았음에도 불구하고 계속하여 그 시설을 사용한 자에 대한 벌칙으로 옳은 것은?

가. 2년 이하의 징역 또는 1천만원 이하의 벌금
나. 1년 이하의 징역 또는 1천만원 이하의 벌금
다. 6월 이하의 징역 또는 5백만원 이하의 벌금
라. 6월 이하의 징역 또는 3천만원 이하의 벌금

explanation

공중위생관리법 제20조(벌칙) 참조

05 공중위생영업을 하고자 하는 자는 보건복지부령이 정하는 시설 및 설비를 갖추고 시장 · 군수 · 구청장에게 신고하여야 하는데 이 규정에 의한 신고를 하지 아니한 자에 대한 벌칙으로 옳은 것은?

가. 1년 이하의 징역 또는 1천만원 이하의 벌금
나. 1년 이하의 징역 또는 5백만원 이하의 벌금
다. 2년 이하의 징역 또는 1천만원 이하의 벌금
라. 2년 이하의 징역 또는 5백만원 이하의 벌금

explanation

공중위생관리법 제20조(벌칙) 참조

06 이·미용사 면허가 취소된 후 계속하여 업무를 행한 자에 대한 벌칙으로 옳은 것은?

가. 200만원 이하의 과태료　　나. 200만원 이하의 벌금
다. 300만원 이하의 과태료　　라. 300만원 이하의 벌금

explanation

공중위생관리법 제20조(벌칙) 참조

07 이·미용사의 면허를 받지 않고 이 · 미용영업소를 개설하거나 그 업무에 종사한 자에 대한 벌칙으로 옳은 것은?

가. 300만원 이하의 벌금　　나. 200만원 이하의 벌금
다. 300만원 이하의 과태료　　라. 200만원 이하의 과태로

explanation

공중위생관리법 제20조(벌칙) 참조

08 이 · 미용영업자가 소독을 한 기구와 하지 않은 기구를 각각 보관하지 않았을 경우에 대한 벌칙으로 옳은 것은?

가. 1년 이하의 징역 또는 1000만원 이하의 벌금
나. 6월 이하의 징역 또는 500만원 이하의 벌금
다. 200만원 이하의 과태료
라. 300만원 이하의 벌금

explanation

공중위생관리법 제22조(과태료) 참조

09 공중위생영업자가 관계공무원의 출입 · 검사 기타 조치를 거부 · 방해 또는 기피한 때의 벌칙사항으로 옳은 것은?

가. 300만원 이하의 벌금
나. 300만원 이하의 과태료
다. 200만원 이하의 벌금
라. 200만원 이하의 과태료

explanation

공중위생관리법 제22조(과태료) 참조

10 다음 중 이 · 미용사가 위생교육을 받지 아니한 때의 법적 조치사항으로 옳은 것은?

가. 100만원 이하의 벌금
나. 100만원 이하의 과태료
다. 200만원 이하의 벌금
라. 200만원 이하의 과태료

explanation

공중위생관리법 제22조(과태료) 참조

▮ 정답

1	2	3	4	5	6	7	8	9	10
라	나	다	나	가	라	가	다	나	라

CHAPTER 9
행정처분기준

2. 행정처분기준(공중위생관리법 시행규칙 제 19조)

가. 일반기준

1) 위반행위가 2 이상인 경우로서 그에 해당하는 각각의 처분기준이 다른 경우에는 그 중 중한 처분기준에 의하되, 2 이상의 처분기준이 영업정지에 해당하는 경우에는 가장 중한 정지처분기간에 나머지 각각의 정지처분기간의 2분의 1을 더하여 처분한다.
2) 위반행위의 차수에 따른 행정처분기준은 최근 1년간 같은 행정처분을 받은 경우에 이를 적용한다. 이때 그 기준적용은 동일 위반사항에 대한 행정처분일과 그 처분후의 재적발일(수거검사에 의한 경우에는 검사결과를 처분청이 접수한 날)을 기준으로 한다.
3) 행정처분권자는 위반사항의 내용으로 보아 그 위반정도가 경미하거나 해당위반사항에 관하여 검사로부터 기소유예의 처분을 받거나 법원으로부터 선고유예의 판결을 받은 때에는 2. 개별기준에 불구하고 그 처분기준을 다음의 구분에 따라 경감을 할 수 있다.
   (1) 영업정지의 경우에는 그 처분기준일수의 2분의 1의 범위 안에서 경감 할 수 있다.
   (2) 영업장 폐쇄의 경우에는 3월 이상의 영업정지처분으로 경감 할 수 있다.

나. 개별기준

위반사항	관련법규	행정처분기준			
		1차위반	2차위반	3차위반	4차위반
1. 미용사의 면허에 관한 규정을 위반한 때	**법 제7조 1항**				
가. 국가기술자격법에 따라 미용사자격이 취소된 때		면허취소			
나. 국가기술자격법에 따라 미용사 자격정지 처분을 받은 때		면허정지(국가기술자격법에 의한 자격정지처분기간에 한 한다)			
다. 법 제6조 제2항 제1호 내지 4호의 결격사유에 해당한 때		면허취소			
라. 이중으로 면허를 취득 한 때		면허취소	(나중에 받은 면허를 말한다)		
마. 면허를 다른 사람에게 대여한 때		면허정지 3월	면허정지 6월	면허취소	
바. 면허정지처분을 받고 그 정지 기간 중 업무를 행한 때		면허취소			
2. 법 또는 이법에 의한 명령을 위반한 때	**법 제11조 제1항**				
가. 시설 및 설비기준을 위반한 때	법 제3조 제1항				
(1) 응접장소와 작업 장소 또는 의자와 의자를 구획하는 커튼칸막이 그밖에 이와 유사한 장애물을 설치한 때		개선명령	영업정지 15일	영업정지 1월	영업장 폐쇄명령
(2) 미용업소 안에 별실 그밖에 이와 유사한 시설을 설치한 때		영업정지 1월	영업정지 2월	영업장 폐쇄명령	
(3) 그 밖에 시설 및 설비가 기준에 미달한 때		개선명령	영업정지 15일	영업정지 1월	영업장 폐쇄명령
나. 신고를 하지 아니하고 영업소의 명칭 및 상호 또는 영업장 면적의 3분의 1 이상을 변경한 때	법 제3조 제1항	경고 또는 개선 명령	영업정지 15일	영업정지 1월	영업장 폐쇄명령

다. 신고를 하지 아니하고 영업소의 소재지를 변경한 때	법 제3조 제1항	영업장 폐쇄명령			
라. 영업자의 지위를 승계한 후 1월 이내에 신고를 하지 아니한 때	법 제3조의 2 제4항	개선명령	영업정지 10일	영업정지 1월	영업장 폐쇄명령
마. 소독을 한 기구와 소독을 하지 아니한 기구를 각각 다른 용기에 넣어 보관하지 아니하거나 1회용 면도날을 2인 이상의 손님에게 사용한 때	법 제4조 제4항	경고	영업정지 5일	영업정지 10일	영업장 폐쇄명령
바. 피부미용을 위하여 약사법 규정에 의한 의약품 또는 의료용구를 사용하거나 보관하고 있는 때	법 제4조 제7항	영업정지 2월	영업정지 3월	영업장 폐쇄명령	
사. 공중위생 영업자의 위생관리 의무 등을 위반 한 때	법 제4조 4항 및 제7항				
(1) 점 빼기, 귓불 뚫기, 쌍꺼풀수술, 문신, 박피술 그 밖에 이와 유사한 의료 행위를 한 때		영업정지 2월	영업정지 3월	영업장 폐쇄명령	
(2) 미용업 신고증, 면허증 원본 및 미용요금표를 게시하지 아니하거나 업소 내 조명도를 준수하지 아나한 때		경고 또는 개선명령	영업정지 5일	영업정지 10일	영업장 폐쇄명령
(3) 영업소 안에 출입·검사 등의 기록부를 비치하지 아니한 때		경고	영업정지 5일	영업정지 10일	영업장 폐쇄명령
아. 영업소 외의 장소에서 업무를 행할 때	법 제8조 제2항	영업정지 1월	영업정지 2월	영업장 폐쇄명령	
자. 시·도지사, 시장·군수·구청장이 하도록 한 필요한 보고를 하지 아니하거나 거짓으로 보고한 때 또는 관계 공무원의 출입·검사를 거부·기피하거나 방해 한 때	법 제9조 제1항	영업정지 10일	영업정지 20일	영업정지 1월	영업장 폐쇄명령

차. 시·도지사, 또는 시장·군수·구청장의 개선명령을 이행하지 아니 할 때	법 제10조	경고	영업정지 10일	영업정지 1월	영업장 폐쇄명령
카. 영업정지처분을 받고 그 영업정지 기간 중 영업을 한 때	법 제11조 제1항	영업장 폐쇄명령			
타. 위생교육을 받지 아니한 때	법 제17조	경고	영업정지 5일	영업정지 10일	영업장 폐쇄명령
3. 「성매매알선 등 행위의 처벌에 관한 법률」·「풍속영업의 규제에 관한 법률」「의료법」에 위반하여 관계행정기관의 장에 요청이 있을 때	**법 제11조 제1항**				
가. 손님에게 성매매알선 등의 행위 또는 음란행위를 하게 하거나 이를 알선 또는 제공한 때					
(1) 영업소		영업정지 2월	영업정지 3월	영업장 폐쇄명령	
(2) 미용사(업주)		면허정지 2월	면허정지 3월	면허취소	
나. 손님에게 도박 그 밖에 사행행위를 하게한 때		영업정지 1월	영업정지 2월	영업장 폐쇄명령	
다. 음란한 물건을 관람·열람하게 하거나 진열 또는 보관한 때		개선명령	영업정지 15일	영업정지 1월	영업장 폐쇄명령
라. 무자격안마사로 하여금 안마의 업무에 관한 행위를 하게 한 때		영업정지 1월	영업정지 2월	영업장 폐쇄명령	

다. 공중위생영업의 종류별 시설 및 설비기준(제2조 관련)

1) 미용업

(1) 미용기구는 소독을 한 기구와 소독을 하지 아니 한 기구를 구분하여 보관 할 수 있는 용기를 비치하여야 한다.

(2) 소독기, 자외선 살균기 등 미용기구를 소독하는 장비를 갖추어야 한다.

(3) 응접장소와 작업장소 또는 의자와 의자를 구획하는 커튼이나 그밖에 이와 유사한 장애물을 설치하여서는 안 된다. 다만 피부미용업을 행하는 동안 베드와 베드사이에 120cm 이하의 이동용 칸막이는 사용할 수 있다.

(4) 영업소 안에는 별실 그밖에 이와 유사한 시설을 설치하여서는 안된다.

라. 이용기구 및 미용기구의 소독기준 및 방법(제5조 관련)

1) 일반기준

(1) 자외선소독 : 1㎠당 85㎼ 이상의 자외선을 20분 이상 쬐어준다

(2) 건열멸균소독법 : 섭씨 100℃ 이상의 건조한 열에 20분 이상 쬐어준다

(3) 증기소독법 : 섭씨100℃ 이상의 습한 열에 20분 이상 쬐어준다

(4) 열탕소독 : 섭씨100℃ 이상의 물속에 10분 이상 끓여준다.

(5) 석탄산수 소독 : 석탄산수(석탄산 3%, 물 97% 이상의 수용액을 말한다)에 10분 이상 담가둔다.

(6) 크레졸소독 : 크레졸수(크레졸 3%, 물 97% 이상의 수용액을 말한다)에 10분 이상 담가둔다.

(7) 에탄올소독 : 에탄올수용액(에탄올이 70%인 수용액을 말한다)에 10분 이상 담가 두거나 에탄올 수용액을 머금은 면 또는 거즈로 기구의 표면을 닦아준다.

2) 개별기준

이용기구 및 미용기구의 종류, 재질 및 용도에 따른 구체적인 소독기준 및 방법은 보건복지부장관이 정하여 고시한다.

마. 공중이용시설의 실내공기 관리기준(제8조1항관련)

1) 24시간 평균 실내 미세먼지의 양이 150㎎/㎥을 초과하는 경우에는 실내공기정화시설(덕트)및 설비를 교체 또는 청소하여야 한다.

2) 제1호의 규정에 따라 청소하여야하는 실내공기정화시설 및 설비는 다음 각 호와 같다.

(1) 공기정화기에 연결된 급, 배기관(급배기구를 포함한다)
(2) 중앙집중식 냉난방시설의 급, 배기구
(3) 실내공기의 단순배기관
(4) 화장실용배기관
(5) 조리실용 배기관

CHAPTER 9 행정처분기준 예상문제

01 이·미용업자가 시설 및 설비기준을 유지 관리하지 않았을 때 1차 행정처분 기준에 속하는 것으로 옳은 것은?

가. 경고
나. 개선명령
다. 영업정지 10일
라. 영업정지 1월

explanation

공중위생관리법 시행규칙 행정처분기준(제19조 관련) 참조

02 다음의 이·미용영업소 시설기준에 대한 내용 중 옳지 않는 것은?

가. 응접장소와 작업장소 또는 의자와 의자를 구획하는 커튼, 칸막이, 그 밖에 이와 유사한 장애물을 설치해서는 안 된다.
나. 피부미용업무를 행하는 동안 베드와 베드사이에 120㎝ 이상의 고정된 간이 칸막이는 사용할 수 있다.
다. 영업소 안에는 별실을 설치하여 고객이 편안히 쉴 수 있도록 배려한다.
라. 영업소 안에는 미용기구를 소독하는 장비 대신 크레졸수를 이용하여 소독하면 된다.

explanation

공중위생관리법 시행규칙 공중위생영업의 종류별 시설 및 설비기준(제2조 관련) 참조

〖문제 3〗 이·미용업소의 설비 및 영업소 선택 시 유의해야 할 사항으로 옳은 것은?

가. 영업신고를 원하는 자는 신고 직후 위생교육을 받아야 한다.
나. 영업소 내의 바닥재는 내수재료로 하고 배수가 잘 되어야 한다.
다. 미용기구는 소독을 한 기구와 소독을 하지 않은 기구를 함께 보관할 수 있는 용기를 비치하여야 한다.
라. 조명은 날씨에 따라 조절하되 100룩스 이상을 항상 유지하여야 한다.

explanation

공중위생관리법 시행규칙 공중위생영업의 종류별 시설 및 설비기준(제2조 관련) 참조

04 이·미용영업소 내의 조명은 몇 룩스 이상으로 유지하도록 법에 규정되어 있는 것으로 옳은 것은?

가. 200룩스 이상　　나. 75룩스 이상
다. 120룩스 이상　　라. 100룩스 이상

explanation

공중위생관리법 시행규칙 공중위생영업자가 준수하여야 하는 위생관리기준 등(제7조 관련) 참조

05 이 · 미용영업소 안에 음란행위에 쓰일 가능성이 있는 별실, 그 밖에 이와 유사한 시설을 설치한 때의 1차 위반 행정처분기준으로 옳은 것은?

가. 영업정지 1월　　나. 개선명령
다. 면허정지 1월　　라. 영업장 폐쇄명령

explanation

공중위생관리법 시행규칙 행정처분기준(제19조 관련) 참조

06 이·미용영업자가 지위를 승계한 후 그 규정일 내에 신고하지 아니한 때의 1차 위반 행정처분 기준으로 옳은 것은?

가. 개선명령　　나. 영업정지 10일
다. 영업정지 1개월　　라. 영업장 폐쇄명령

explanation

공중위생관리법 시행규칙 행정처분기준(제19조 관련) 참조

07 미용사 면허증을 다른 사람에게 대여한 때의 1차 위반 시 행정처분 기준으로 옳은 것은?

가. 면허정지 6월　　나. 면허정지 3월
다. 업무정지 6월　　라. 업무정지 3월

explanation

공중위생관리법 시행규칙 행정처분기준(제19조 관련) 참조

08 이 · 미용사가 영업 도중 금치산자 선고를 받았을 경우 1차 위반시 행정처분 기준에 해당되는 것으로 옳은 것은?

가. 업무정지 6월 　　나. 업무정지 3월
다. 면허취소 　　라. 면허정지 6월

explanation

공중위생관리법 시행규칙 행정처분기준(제19조 관련) 참조

09 미용사가 자신의 면허증을 다른 사람에게 대여한 때의 2차 위반 시 행정처분 기준으로 옳은 것은?

가. 면허정지 6월 　　나. 업무정지 6월
다. 면허정지 3월 　　라. 업무정지 3월

explanation

공중위생관리법 시행규칙 행정처분기준(제19조 관련) 참조

10 이·미용사가 면허증을 다른 사람에게 대여한 때의 3차 위반 시 행정처분 기준으로 옳은 것은?

가. 면허정지 10월 　　나. 면허취소
다. 자격취소 　　라. 영업장 폐쇄명령

explanation

공중위생관리법 시행규칙 행정처분기준(제19조 관련) 참조

11 이 · 미용사가 면허정지처분을 받고 그 기간 중 업무를 행한 경우 1차 위반 행정처분 기준으로 옳은 것은?

가. 면허 정지 3월 　　나. 면허정지 6월
다. 면허취소 　　라. 영업장 폐쇄명령

explanation

공중위생관리법 시행규칙 행정처분기준(제19조 관련) 참조

12 이 · 미용사의 면허증을 이중으로 취득한 경우 1차 위반 행정처분 기준으로 옳은 것은?

가. 면허취소(나중에 발급받은 면허증)　나. 면허취소(처음 발급받은 면허증)
다. 면허정지 2월　라. 면허정지 4월

explanation

공중위생관리법 시행규칙 행정처분기준(제19조 관련) 참조

13 국가기술자격법에 의하여 이 · 미용사의 자격이 정지된 자의 1차 위반 행정처분 기준으로 옳은 것은?

가. 면허정지(자격정지기간에 한함)　나. 업무정지(자격정지기간에 한함)
다. 면허정지 3월　라. 면허취소

explanation

공중위생관리법 시행규칙 행정처분기준(제19조 관련) 참조

14 국가기술자격법에 의하여 이 · 미용사 자격이 취소된 때의 이 · 미용사 면허소지자의 1차 위반 행정처분 기준으로 옳은 것은?

가. 면허취소　나. 업무정지 3월
다. 영업정지 6월　라. 업무정지 6월

explanation

공중위생관리법 시행규칙 행정처분기준(제19조 관련) 참조

15 영리를 목적으로 무자격 안마사로 하여금 안마작업 행위를 한 때의 3차 위반 시 행정처분 기준으로 옳은 것은?

가. 영업정지 1월　나. 영업정지 2월
다. 영업정지 3월　라. 영업장 폐쇄명령

explanation

공중위생관리법 시행규칙 행정처분기준(제19조 관련) 참조

16 이 · 미용영업소에서 1회용 면도날을 2인 이상 손님에게 사용한 때의 1차 위반 시 행정처분 기준으로 옳은 것은?

가. 경고 나. 영업정지 5일
다. 영업정지 10일 라. 영업장 폐쇄명령

explanation

공중위생관리법 시행규칙 행정처분기준(제19조 관련) 참조

17 이·미용영업자가 소독을 한 기구와 소독을 하지 않은 기구를 다른 용기에 넣어 보관하지 않았을 경우의 제 1차 위반 시 행정처분 기준으로 옳은 것은?

가. 경고 나. 영업정지 5일
다. 영업정지 15일 라. 영업장 폐쇄명령

explanation

공중위생관리법 시행규칙 행정처분기준(제19조 관련) 참조

18 이 · 미용영업소 내에 영업신고증, 면허증원본 등을 게시하지 않았을 경우 1차 위반 시 행정처분기준으로 옳은 것은?

가. 영업장 폐쇄명령 나. 영업정지 5일
다. 영업정지 10일 라. 경고 또는 개선명령

explanation

공중위생관리법 시행규칙 행정처분기준(제19조 관련) 참조

19 이·미용영업소 내에서 손님에게 윤락행위 또는 음란행위를 하게 하거나 이를 알선 또는 제공한 때의 이 · 미용사(업주)에 대한 2차 위반 행정처분기준으로 옳은 것은?

가. 영업장 폐쇄명령 나. 면허정지 2월
다. 영업정지 2월 라. 면허정지 3월

explanation

공중위생관리법 시행규칙 행정처분기준(제19조 관련) 별표 7 참조

20 관계공무원의 출입·검사를 거부·기피하거나 방해한 때 1차 위반 시 행정처분 기준으로 옳은 것은?

가. 경고 나. 영업정지 5일
다. 영업정지 10일 라. 영업정지 1월

explanation

공중위생관리법 시행규칙 행정처분기준(제19조 관련) 별표 7 참조

▮ 정답

1	2	3	4	5	6	7	8	9	10
나	가	나	나	가	가	나	다	가	나
11	12	13	14	15	16	17	18	19	20
다	가	가	가	라	가	가	라	라	가

참고문헌

- 교육부. (2017). 미용업 서비스 준비. 세종, 한국직업능력개발원
- 교육부. (2017). 미용경영. 세종, 한국직업능력개발원
- 김만배. (2006). 정보변화에 강해지는 재고관리. 갑진출판사
- 김세정, 이유미, 장순남. (2016). 서비스인을 위한 고객관계관리. 구민사
- 김익현, 진현웅. (2014). 재고관리 정책 선택을 위한 요인들의 영향 분석: 시스템 다이내믹스 방법론에 의한 시뮬레이션. 한국생산관리학회지, 25(4), 363~381
- 김현호. (2016). 의사소통능력. 양성원
- 노영희, 강근영, 박승경, 이효숙, 최미옥. (2016). SMAT MASTER. 한국학력평가원
- 라뷰티코아. Cleaning Manual. PPT 자료
- 리안헤어. RIAHN HAIR SERVICE MANUAL
- 뷰티산업연구소 NCS집필진. (2017). 헤어컬러컨설턴트. 서울, 뷰티산업연구소
- (사)한국미용장협회. (2017). 미용장 필기 -요약 및 문제-. 청구문화사
- 심윤정, 고샛별, 최욱희, 이수명. (2016). 서비스마인드와 글로벌매너. 양성원
- 유아사 가즈오(신주영 옮김). (2012). 수요 예측에 성공한 기업들이 선택한 재고관리 테크닉. 비즈니스 맵
- 장선엽, 이현진, 김 환. (2014). 미용학개론. 광문각
- 준오헤어. Repair Manual. PPT 자료

뷰티 매니저

2018년 8월 20일 초판인쇄
2018년 8월 30일 초판발행

지은이 / (사)한국미용장협회
펴낸이 / 이상태
펴낸곳 / 청구문화사
주 소 / 03706 서울특별시 서대문구 성산로11길 15
전 화 / 02) 332-0541(代) **팩스** / 02) 337-9577
등 록 / 1990년 11월 2일 제9-247호

가격 10,000원

ISBN 978-89-5616-785-5 93590